Leben. Es dauerte, aber dann ging es plötzlich mächtig los.

Wenn ich heute zurückschaue auf die Jahre ab 1960, dann frage ich mich, wie er das alles eigentlich geschafft hat. Ich habe ihn nie klagen hören, sondern ganz im Gegenteil. Was er machte, hat er mit viel Zuversicht und Energie gemacht – und weil er es wollte.

Eigentlich begann der Aufstieg 1961 mit der Story über den Jaguar E-Type in auto, motor und sport, Heft 24. »Whisky pur oder die geschrubbte Flunder« hieß die Geschichte. Sie machte ihn über Nacht zum Starschreiber. Das entging auch Henry Nannen vom Stern nicht, und er holte ihn 1962 ins Haus. Wohlgemerkt – Busch ließ sich nicht anstellen, er bestand immer auf seinem Status als Freischaffender. Alles andere hätte seinem Freiheitsdrang widersprochen. Er konnte es sich leisten, denn seine Schreibe war inzwischen Kult.

Es folgten die Reisen für die Serie »Traumwagen«, mit denen er unter anderem durch Hollywood cruiste und mit der damaligen »Traumfrau« Jane Mansfield zuhause an ihrem Pool saß. Er begegnete bekannten Regisseuren, und die wollten ihn am liebsten gleich als Drehbuchautor dabehalten. Aber als bodenständiger Mensch hatte er die Scheinwelt Hollywoods schnell durchschaut, und es zog ihn nach Hause zurück ins Allgäu.

Dort begann 1965 mit dem Autonova-Projekt eine im wahrsten Sinne konstruktive Zeit unter dem Motto »nicht nur kritisieren, sondern besser machen«. Der »fam« entstand, und für Busch war dieser Stadtwagen die kreative Lösung für die sich abzeichnende Verkehrsdichte in den Städten. Er war immer auch Visionär, und Vieles von dem, was er vorausgesehen hatte, ist eingetroffen. Nachzulesen ist dies in seinen unzähligen Artikeln in der Motorpresse.

Zu diesem Zeitpunkt wurde er vom Fernsehen entdeckt, und auch diese neue Aufgabe nahm er tatkräftig an und meisterte sie mit Bravour. Eine Regel, die er mir predigte, hieß: »Mach den Mund auf beim Sprechen, sprich klar und deutlich

Die Traumwagenserie

2 Mercedes 300 SE Coupé und Cabriolet

Visitenkarte mit 160 PS

Traumwagen entstehen nicht nur auf den Reißbrettern amerikanischer Automacher. Auch unter dem Mercedes-Stern rollt einer. Glanzstücke von Daimler-Benz sind Coupé oder Cabriolet des Type 300 SE mit Luftfederung und automatischem Getriebe. Diese Autos kosten beinahe 35000 Mark. Neben den hubraumgewaltigen Blechphantasien aus Detroit nehmen sie sich vergleichsweise bescheiden aus. Warum sie dennoch zur Kategorie Traumauto zählen, schildert B. Busch in der zweiten Folge dieser STERN-Serie

und schau dein Gegenüber dabei an!« Ich würde sie gern an manchen Nuschler in Film und Fernsehen weiterreichen.

Dazwischen schrieb und schrieb er, bis er sich ab 1970 seinem nächsten Lieblingsthema widmete – dem Reisen mit dem Wohnwagen. Er entwarf einen sehr eigenwilligen kleinen Wohnwagen mit dem Aussehen eines Planwagens, gründete die Firma Western Caravan und baute zusammen mit seinem Schwiegersohn den ersten Western Caravan. Etwa 50 Stück von diesen ungewöhnlichen Dingern wurden gebaut, von denen der eine oder andere noch heute in der Szene herumgeistert. Man sollte meinen, dass diese Tätigkeiten einen Mann voll und ganz ausfüllen, aber da war noch Raum für mehr.

So ganz nebenher hatte er nämlich seine Liebe zu Oldtimern entdeckt und »unauffällig« ein paar davon in seinem Hof versammelt. Frau Liane hatte dieses Treiben schon misstrauisch verfolgt, aber sie konnte ihn auch nicht daran hindern, seinen Traum zu realisieren – 1973 eröffnete er im Schloss Wolfegg sein Oldtimer Museum.

Das Wort Burn-out war zu dieser Zeit noch nicht erfunden und fand also nicht statt, als er sich 1974 auf die 30.000 Kilometer lange Testfahrt von Alaska nach Feuerland machte. Aber wenn Sie jetzt denken: mehr geht doch gar nicht – dann werden Sie staunen, denn das nächste Großprojekt startete bereits ein Jahr später: Der Diesel-Geschwindigkeitsrekord mit dem selbstgebauten Dieselstar. Den Rennwagen hatte er in nur einem Jahr bauen lassen.

Die Einzelheiten dazu können Sie in der von Christian Steiger sorgfältig geschriebenen Busch Biografie nachlesen. Was ich an dieser Stelle nur in aller Kürze deutlich machen wollte:

Innerhalb von nur etwa 15 Jahren haben Schlag auf Schlag Aktivitäten stattgefunden, die durchaus für ein ganzes Leben oder auch zwei gereicht hätten. Fritz B. Busch hat nicht über zu wenig Freizeit geklagt, der Begriff »Überstunden« existierte in seinem Leben nicht. Alle Stunden waren Lebenszeit, sinnvoll ausgefüllt mit Arbeit, die er sich selbst verordnet hat. »Ich brauche keinen Urlaub von meinem Leben« war so ein typischer Busch-Ausspruch.

Auch geistig blieb er immer in der Zeit. Mit 80 Jahren hat er sich noch einen Computer gewünscht und einrichten lassen, sodass er fortan seine Texte digital verfassen konnte.

Ich habe ihn nie als überarbeitet wahrgenommen, sondern immer dankbar für das Glück, mit seinem Leben genau das anzufangen, was er sich davon erhofft hatte. Das wurde ihm nicht auf dem Silbertablett gereicht, sondern das war der Lohn für seine Bemühungen.

Ihnen, liebe Leserinnen und Leser, wünsche ich viel Freude beim Lesen.

Anka Busch, im September 2022

DICHTER UND LENKER

Das Jahrhundert des Fritz B. Busch - Fortsetzung aus Band 1. Der Stern macht den Schreiber zum Kometen

Große Illustrierten wie der Stern sind das Internet des Wirtschaftswunders, Henri Nannen und sein Verleger Gerd Bucerius verkaufen über zwei Millionen Hefte pro Woche. Geld spielt für die Redaktion auch deshalb keine Rolle, weil das Heft vor ganzseitigen Anzeigen strotzt. Zu den besten Anzeigenkunden gehört die Automobilindustrie. Und jeder Stern-Leser will wissen, ob der neue Opel Kadett besser ist als ein VW Käfer und Ford 12 M. Fritz B. Busch ist der Mann, der es den deutschen Autofahrern sagt. Und Henri Nannen ist der Chefredakteur, der seinem Starschreiber 8000 Mark für so einen Vergleichstest bezahlt.

»Jetzt geht es richtig los«, sagt Fritz B. Busch zu Frau und Tochter. Die bemerken den neuen Wohlstand zuerst an der Waschmaschine, die Bob seiner Liane kauft und bar bezahlt, als der Autorenvertrag mit dem Stern unterschrieben ist. Auch die zwischenzeitlich bezogene Wohnung in Buchholz bei Hamburg ist bei diesem Reisetempo nur eine Zwischenstation, im Sommer 1961 ziehen die Buschs in ein Haus nach Bad Wurzach im Allgäu um. Bob hat genug vom norddeutschen Nieselregen und der jährlich wiederkehrenden Bronchitis im Winter, außerdem belastet ihn »die zunehmende Vermassung der Großstadt«, wie er es zu nennen pflegt. Als Fluchtwagen wählt der bekennende Individualist einen nagelneuen Plymouth Valiant mit 3,7-Liter-Sechszylinder und Drucktasten-Automatik.

Er liebt die Amerikaner für die Kraft und die Geschmeidigkeit ihrer Fortbewegung. »Es ist, wie auf einer Wolke zu sitzen, die ein Engel schiebt«, schwärmt er damals. Er fährt die großen Schiffe vor allem für die Traumwagen-Serie des Stern, die er später als Höhepunkt seiner Karriere ansehen wird. »Ich weiß nicht, ob Sie sich einen Zweisitzer mit einem 360-PS-Motor so richtig vorstellen können«, schreibt er 1964 zum Auftakt seiner Geschichte über die Corvette Sting Ray. »Ich meine das Gefühl, das entsteht, wenn man von zehn VW-Motoren aus dem Stand bis auf 230 km/h beschleunigt wird«. Natürlich kennt das kein Normalbürger, der damals im Stern blättert, aber der Traumwagen-Tester kann es beschreiben, als habe sich sein Leser auf den Beifahrersitz gefaltet: »Es ist, als hätten Sie sich aus Versehen auf der Mündung eines Granatwerfers niedergelassen, ohne auch nur entfernt zu ahnen, daß er im nächsten Moment losgeht«. Und dann erzählt er von Sandra Milo, die in der Corvette neben ihm sitzt, dem blonden Star aus dem Fellini-Film »Achteinhalb«: »ein außerordentlich angenehmes Mädchen, das immer noch einmal von mir abgefeuert werden

Ich machte das Dümmste, was ich tun konnte, ich versuchte, der Menge zu erklären, warum er rückwärts gefahren war. "...meine Frau hat versehentlich - aber Sie sehen doch, dass er geht, sie hat nur den Rückwärtsgang..." Auf das Toben der nahezu hundert Menschen eilte ein verschlafener Revierschutzmann herbei. "Sie sind gegen die städtische Laterne gefahren!!" triumphierte er, zückte sein Notizbuch und begann, eine Tatortskizze zu fertigen. "Trunkenheit am Steuer!" krähte die Säuferstimme von irgendwo dazwischen und der brave Beamte zog die Brauen hoch. Dann beroch er eingehend meinen Atem und liess die Witterung mit Kennermiene auf der Zunge zergehen. "Zwiebeln", murmelte er danach enttäuscht, "sind erlaubt - alkoholfrei. Wie heissen Sie?" "Ca-ra-tschiolaa!!"blöckten im Sprechchor die Meierskinder, offenbar auf diesen Augenblick von ihrem Vater sorgfältig vorbereitet, doch der Beamte verbat sich den Auflauf an den Fenstern und wies daraufhin, dass Zusammenrottungen verboten oder aber genehmigungspflichtig seien. Der Spott, den er daraufhin einheimste, brachte ihn wenigstens auf meine Seite. "Ich werde Ihnen behilflich sein", grollte er, "denen wollen wir schon zeigen, was in Ihrem Mercedes steckt!" und ich hätte ihn beinahe für einen Fachmann gehalten, aber ein Mercedes, nein, ein Mercedes war es nun bestimmt nicht. Ich kurbelte, und er gab Gas. Tatsächlich erklangen einige Töne. Ich drehte eifriger - und - konnte mich nur durch einen beherzten Seitensprung vor dem Ueberfahrenwerden retten. Knatternd und qualmend fuhr Daniel mit meiner Frau und dem Schutzmann davon. Wie der Wind waren sie um die nächste Ecke. Die Häuserblocks wackelten. Scheiben klirrten, dann gab es einen Krach, man hörte Kannen rollen und Holz bersten, dazwischen entsetzte Schreie. Damit, dass Daniel in einen Milchwagen gefahren war, endete unsere Sonntagsreise.

Meine Frau brachte ich gleichen Tags in eine Klinik. Sie war, wie Daniel, unverletzt, aber sie hatte einen Nervenschock erlitten. Acht Tage später, noch immer Strohwitwer, bestellte ich den Möbelwagen. In der Fasanenstrasse war ich ruiniert. Der Schutzmann, den man auf der Stelle "bis auf weiteres beurlaubt" hatte undder sicher seines Amtes verlustig ging, half mir beim Räumen. Nachdem der Möbelwagen gepackt war, schlichen wir wie die Diebe davon. Daniel liessen wir stehen, in der Hoffnung, dass er gestohlen würde. Nach vier Tagen und Nächten stand er noch immer - ein Tummelplatz für Kinder. Nach acht Tagen bekam ich einen Strafbefehl wegen verbotenen Parkens. Nach zehn Tagen inserierte ich - "Guterhaltener Personenwagen zu verkaufen" Der einzige Interessent, der kam, verklagte mich wegen Beleidigung. Nach zölf Tagen schenkte ich Daniel einem Autofriedhof, der ihn wegen angeblichem Platzmangel aber gar nicht nahm. Nach vierzehn Tagen fuhr ich ihn mit eigener Kraft in einen Teich der näheren Umgebung, blieb aber bereits im Schilf stecken und war nicht in der Lage, den hilfsbereiten Bauern, der ihn mir mit zwei Pferden für zehn Mark wieder herauszog, abzuwimmeln. Als Daniel, triefend vor Schlamm und Nässe wieder auf der Strasse stand, packte mich die Verzweiflung. Ich bot dem Landmann noch zehn Mark dazu, wenn er Daniel mit auf seinen Hof nähme, wo ich ihn später (in Gedanken sagte ich "dereinst") abholen würde. Zu Fuss pilgerte ich wenige Zeit danach, endlich wieder mal richtig froh, in die Stadt zurück. Ich holte meine Frau aus der Klinik und wir luden den Schutzmann zu uns, das Vergangene zu feiern und die Zukunft zu beraten. Einen Monat später gründeten wir zusammen ein Detektivbüro. Der erste Klient war ein Bauer, der uns bat, den Besitzer eines Autos ausfindig zu machen, welches auf seinem Hof stünde. Ich verliess hustend das Büro. Mein Sozius aber kannte die Gesetze. Er möge sich an das Fundbüro wenden, riet er dem Braven, und dort den Gegenstand anzeigen. Sollte sich nach Jahresfrist der Eigentümer nicht gemeldet haben, gehöre der Wagen ihm.

Diese Auskunft kostete zwei Mark, das waren sechs Flaschen Bier, die wir kurz danach schmunzelnd leerten.

Aber auch heute noch, nach vielen Jahren, träume ich manchesmal des nachts oder im Büro

Als leidenschaftlicher Camper trug Fritz B. Busch maßgeblich dazu bei, den Urlaub mit Wohnwagen in der jungen Bundesrepublik zu etablieren.

wollte«. Erst beim Blick in den Rückspiegel ist das eine kleine Ungeheuerlichkeit, doch in der Libertinage der Sechziger gehört so eine Chauvie-Anekdote zum süffigen Illustriertenstil wie der Dujardin in die bundesdeutsche Hausbar. In Amerika wird ein Hugh Hefner groß damit. Und in Bad Wurzach sitzt ein Zeitgeist-Schreiber, der den Playboy-Stil schon beherrscht, bevor es Hefners Blatt überhaupt in Europa zu kaufen gibt.

JAYNE MANSFIELD UND DER HERZFÖRMIGE POOL

Im Sting Ray ballert er von Antwerpen nach Rom. Einen offenen Maserati 3500 GT füttert er mit dem endlosen Band der Autostrada del Sole, bis »mein Mantelkragen bei 200 so heftig vibriert, daß er fast schon wieder stillsteht und es nicht mehr schafft, mir Ohrfeigen zu versetzen. Es ist wie Fliegen!« Im offenen Pontiac Bonneville cruist er durch Beverly Hills und besucht das platinblonde Busenwunder Jayne Mansfield an ihrem Pool, der herzförmig ist, was den Autor nicht weniger beeindruckt als die Tatsache, dass die Schauspielerin eine Schallplatte mit Shakespeare-Rezitationen besprochen hat. Die Stars besorgt ihm der Stern, der seinem Autoschreiber auch die feinsten Hotels bucht. Nur den 600 Pullman testet er zwischen Stuttgart, Karlsruhe und Mannheim, lässt sich im Fond chauffieren und notiert, was das Volk im Angesicht des Maximal-Mercedes spricht. Dass Mercedes mit dem 600 nie auf lukrative Stückzahlen kommen wird, sieht der Mann vom Stern schon nach der ersten Fahrt voraus: »Wenn die Autos eine gewisse Größe überschreiten, muß auch der Mann, der darin sitzt, welche haben. Sonst sind die Leute sauer, weil das Bild, das sie sich von der großen Welt gemacht haben, nicht mehr stimmt«.

BAR E
BAR-E-CAFE
QUICK AUTO

Es gehört zu seinen Erfolgsrezepten, dass Fritz B. Busch keinen Respekt vor großen Männern und teuren Marken hat, erst recht nicht vor Anzeigenkunden, die ihm und seinen Redaktionen mit Boykotten drohen. Weder die tückischen Lastwechselreaktionen des VW Käfer noch die trampelnde Starrachse des Ford 17 M sind vor seiner ätzenden Kritik sicher. Während andere Tester das Automatikgetriebe des Mercedes 300 SE loben und den BMW 1800 für sein vitales Wesen preisen, lässt er die Leser von den Schaltrucken und der heiklen Übersteuerneigung wissen. Und immer, wenn er für auto motor und sport über die IAA schlendert, spießt er die ganze große Branche für ihr Fortschrittszaudern auf. Das ist schon 1959 so: »Wir sitzen auf einem Pulverfaß, und es fällt uns nichts Besseres ein, als Steichhölzer zu produzieren. Kommt denn niemand auf den Gedanken, einen Feuerlöscher zu bauen?« Es hat sich 1965 nicht geändert: »Ich werde das Gefühl nicht los, dass das Auto im Begriff ist, sich selbst umzubringen. Es gibt Dinge, die sind am schönsten kurz bevor sie endgültig verwelken. Diese Autos sehen so opferfreudig aus, so überirdisch.« Und es lässt ihn noch 1983 mit den hochmotorisierten IAA-Neuheiten fremdeln: »Die Automobil-Industrie schreitet zwar kräftig, aber nicht fort. Mir scheint, sie schreitet in die falsche Richtung. Unter 16 Ventilen wird man sich bald am Stammtisch nicht mehr blicken lassen können.«

DER KOMBI, DEN DIE WELT ERST VIEL SPÄTER VERSTEHT

mmer wieder halten die angeschossenen Automanager ihrem Kritiker vor, er solle es doch besser machen. Zur IAA 965 nimmt Fritz B. Busch das ernst und gründet mit zwei jungen Designern der Ulmer Hochschule für Gestaltung das Team Autonova. In Frankfurt stellen sie zwei fahrbereite Prototypen vor, das Sportcoupé GT auf NSU-TT-Basis und den Fam, eine Großraumlimousine mit Motor und Automatikgetriebe der bayrischen Automarke Glas. Im Grunde erfinden sie bei Autonova nicht weniger als den Minivan, mit dem Renault und Chrysler in den Achtzigern zu Trendsettern werden. Doch 1965 ist die Zeit noch nicht reif für die chromlose »Konkret-Linie« der drei Radikalreformer. Selbst Paul Simsa, Chefredakteur des Fachblatts mot und einer der wenigen Kollegen, mit denen sich Fritz B. Busch duzt, mokiert

sich über die Form des Vans: »funktionell und glatt, aber mit eiskaltem Stift gezeichnet«. Und die Automobilindustrie belegt den Autonova mit einem Bannstrahl, der die Erfinder jede Serienhoffnung aufgeben lässt. »Er kam zu früh«, urteilt Busch 2009 in einem Interview, »die Käufer wollten in Chrom schwelgen und Krönchen auf dem Sitzpolster«. Wie weit der Autonova fam den 1960ern voraus ist, zeigt erst sein heutiger Dauerparkplatz in der Münchener Pinakothek der Moderne.

Mehr Einfluss hat der leidenschaftliche Camper in der Welt der Freizeit-Fahrzeuge, wo er auf bodenständige Macher wie den Kunststoff-Fabrikanten Ferdinand Schäfer trifft. Der schenkt dem Land der mild motorisierten Zugwagen einen federleichten Polyester-Wohnwagen und lässt sich dabei von Fritz B. Busch beraten, der dem Zukunfts-Caravan sogar den Namen gibt: Suleica, ein Akronym für »*Su*per*le*icht*ca*ravan«. In den frühen Siebzigern ist Busch mit einem eigenen Leichtbau-Caravan am Start, zu dessen Form ihn die Planwagen der amerikanischen Siedler inspiriert haben. Ursprünglich will er ihn hinter ein altes T-Modell von Ford hängen, doch dann flüchten sich immer

mehr Deutsche vor den steigenden Spritpreisen in Kleinwagen – und Busch verkauft die Lizenz an den Wohnwagen-Pionier Erwin Hymer im nahen Bad Waldsee. Doch der macht nichts aus der neuen Marktnische, weil die Ölkrise nach einer Saison schon wieder vorbei ist.

WAS BEZAHLT DER BUSCH FÜR EINE TONNE SCHROTT?

Heute wäre Fritz B. Busch mindestens ein Influencer, einer der ganz Großen mit Millionen von Followern. Damals, in den Sechzigern, macht er mit seinen Büchern und Geschichten den Wohnwagen populär und weckt die Lust seiner Leser auf alte Autos, bevor es überhaupt eine Oldtimerszene gibt. Seit den frühen Sechzigern blickt er in auto motor und sport immer wieder auf die Zwanziger zurück. Und selbst der Stern räumt 1968 zehn Seiten frei für eine farbige Oldtimer-Reportage. Busch bespielt sie mit den Klassikern des Sammlers Franz Hillers, der im norddeutschen Tremsbüttel das erste private Automuseum in Deutschland gegründet hat.

In Vogt, einem Dorf im südlichen Allgäu, hat sich der Autor inzwischen einen eigenen Landsitz mit großem Innenhof gebaut. Den Platz unter den Schleppdächern füllt er mit Klassikern aller Erhaltungszustände. Manche bekommt er geschenkt, andere muss er aufspüren wie den roten Opel 4/20 PS, sein Kindheitsauto, das er 1972 im pfälzischen Landau dem Erstbesitzer abkauft. Als er den Opel hat und mit ihm nach Italien gefahren ist, »gibt es kein Halten mehr«, wie er später im Rückblick sagt.

Den Starschreiber hat die Sammelleidenschaft gepackt, auch wenn ihn die Leute im Allgäu anfangs noch fragen, was er für eine Tonne Altmetall bezahlt. Manchmal versteckt Ehefrau Liane das Scheckheft, wenn er wieder irgendwo einen Klassiker entdeckt hat. Einmal fährt er auf den Veteranenmarkt nach Ulm, weil er ein Lenkrad für seinen Kleinschnittger sucht, und kommt mit einem Austin-Healey Sprite nach Hause. Vier Jahrzehnte später bedauert er, »zu wenig gesammelt zu haben – einiges«.

Es sind die frühen Siebziger, als noch keiner von Oldtimern oder gar Youngtimern spricht. Es gibt einen Schnauferlclub, in dem die Freunde der frühen Automobile unter sich sind und keine Frauen im Verein dulden, und Veteranenrallyes, wo ein Auto der Dreißiger als eine Art Neuwagen gilt. Doch der Autosammler Busch stellt sich nicht nur Autos der Messing-Ära hin, sondern auch einen 1948er Hudson, einen dottergelben Victoria Spatz und einen frühen Jaguar E-Type, den er auf dem Höhepunkt der Ölkrise zum

Schnäppchenpreis schießt. Bald ist kein Platz mehr unter Schleppdächern, deshalb will er eine Halle auf seinem Grundstück bauen. Das scheitert am Veto der Baubehörde, doch im nahen Schloss Wolfegg steht ein 1000 Quadratmeter großes Seitengebäude aus dem Mittelalter leer. Busch lässt den Raum renovieren, stellt alte Straßenlaternen auf, beschallt das Szenario mit Schlagern der Zwanziger und schenkt der wachsenden Szene einen frühen Sehnsuchtsort. Als das Automuseum in Wolfegg an Ostern 1973 eröffnet, kommen nicht etwa 500 Besucher, wie der Hausherr zu hoffen wagt, sondern fast 6000.

Sie pilgern vor allem deshalb nach Wolfegg, weil er den Leuten die Alltagsautos von damals zeigt, »die Autos in unserer Straße«, wie er sie oft nennt. Später wird er die besten Anekdoten der Besucher auf kleine Sprechblasen schreiben, die er hinter die Scheibenwischer klemmt. Manche seiner Fans kommen mehrmals im Jahr, obwohl es nicht allzu viele Neuzugänge gibt. Aber sie finden kein anderes Fahrzeug-Museum, in dem sich Nostalgiker auf so herzwärmende Weise verstanden fühlen.

RAUSWURF BEIM STERN, DOPPELTES HONORAR BEI QUICK

Die alten Autos sind auch eine kreative Zuflucht des Testers, der sich beim Stern zunehmend unterfordert fühlt. Die Traumwagen-Serie mit den Stars und Sternehotels gibt es längst nicht mehr, auch die fette Titelzeile »B. Busch testet Autos« ist selten geworden, statt dessen lässt Nannen seine Edelfeder nur noch Routinestorys schreiben. Als Volkswagen und der Reifenhersteller Pirelli mit einer 30.000-Kilometer-Testfahrt im neuen Golf von Alaska nach Feuerland locken, sagt Busch zu, ohne den großen Chefredakteur in Hamburg um Erlaubnis zu fragen. Der reagiert gewohnt cholerisch und schickt seinem Automann per Telegramm die Kündigung.

Das Ende der Traumhonorare schockiert den Marathon-Mann im Golf nur kurz, weil er die Gewalttour auf der Panamericana erstmal unbeschädigt überstehen muss. In der kolumbinanischen Hafenstadt Buenaventura etwa »muss sich der Fremde vor allem und jedem fürchten: vor dem Verlust seiner Habe und seines Lebens, den Zöllnern und dem mörderischen Klima«, notiert Busch, nachdem er knapp einer Schießerei entgangen ist. In der Höhenluft der Anden wird ihm beim Befahren der Passstraßen öfter schwarz vor Augen, in Panama will ihm nachts ein Hoteleinbrecher ans Leder. Doch nach der Rückkehr wartet schon die Quick, damals die zweitgrößte deutsche Illustrierte, und tröstet Busch mit dem doppelten Stern-Honorar. »Ich war keinen Tag arbeitslos«, blickt er später nicht ohne Staunen zurück.

EINE TOCHTER UND TAUSENDE VON SÖHNEN

So sind die Zeiten, als deutsche Magazine mitunter Anzeigen ablehnen müssen, weil die Hefte sonst zu dick wären für die Klammern, die sie zusammenhalten.

Christian Steiger im Gespräch mit Fritz B. Busch.

Erst zu Beginn der Achtziger zieht Fritz B. Busch den letzten Testwagen-Schlüssel ab, »weil es kaum noch etwas zu meckern gab. Die Neuerscheinungen glichen einander in Aussehen und Technik zu sehr«. Statt dessen kultiviert er sein Spätwerk, das perfekt zum großen Oldtimerboom der Achtziger passt. Mit Motor Klassik gründet 1984 die Stuttgarter Motorpresse ein eigenes Magazin fürs alte Blech, Fritz B. Busch gehört zu den Schreibern der ersten Stunde und wird es bis in die Nullerjahre bleiben.

Die Kollegen, mit denen er jetzt zusammenarbeitet, könnten seine Söhne oder Enkel sein, aber sie fühlen sich nicht so, weil der große alte Mann im Herzen und in der Schreibe ein junger Kerl geblieben ist. »Wenn man ihn nicht kannte, ist man erstmal mit Herzklopfen zu ihm ins Allgäu gefahren«, erinnert sich Hermann Ries, Gründungsmitglied der Redaktion Motor Klassik, »aber er war uns jungen Kollegen gegenüber unglaublich offen und überhaupt nicht distanziert. Das war sofort ein Gespräch auf Augenhöhe. Er war ein Vorbild, auch menschlich.« Längst könnte er Ruheständler sein, statt dessen zitiert er gerne Oscar Wilde: »Fange nie an aufzuhören, höre nie auf anzufangen«. Die Erweiterung seines Museums gelingt ihm noch, das Sammeln von Youngtimern dagegen beginnt er nicht mehr, obwohl es ihn in den Fingern juckt. Doch die Geschichte vom Anfang wiederholt sich: Es fehlt ihm am Platz.

Er hat inzwischen Fans, die ganze Absätze seiner größten Storys aus dem Gedächtnis rezitieren können. »Whisky pur oder die geschrubbte Flunder«, der lebenspralle E-Type-Fahrbericht von 1961, gehört längst zum Weltkulturerbe der Autogeschichte, dabei entsteht die Geschichte damals nur als Ersatz für einen Testbericht, den die Redaktion wegen des abgerockten Testwagens verwirft. »Er hat eine Tochter und Tausende von Söhnen«, schreibt auto motor und sport, als Fritz B. Busch 80 wird. Gemeint sind die großen Jungs, die mit typischen Busch-Überschriften wie »Rollstuhl für Playboys« oder »Baden im Wind« aufgewachsen sind. Sie wissen genau, warum Citroën-Fahrer hydropneumatisch veranlagt sind und langbeinige Mädchen laufen können wie ein NSU Ro 80. Er hat es so geschrieben, dass sie es nie mehr vergessen. Und alle wissen vom herzförmigen Pool der Jayne Mansfield.

Dass er mit Krankheiten kämpft, macht Fritz B. Busch mit sich selbst aus, auch da ist er ein typischer Mann seiner Generation. »Mein Ableben betrachte ich als Privatangelegenheit«, so bestimmt er es, bevor er am 5. August 2010 in seinem Birkenhof in Vogt stirbt. Was es noch zu sagen gibt, hat er an seinem 80. Geburtstag den Gästen vorgetragen, »Een Jedicht iebers Lehm'n«, verfasst in der Berliner Mundart, deren schnoddrige Melodie er sein Leben lang liebt:

Letzte Strophe, ein Blick voraus
Na, un denn bin ick dot
Un allet zu Ende.
Ick lieje so da
Mit jefaltete Hände,
un die da so rumsteh'n
die denken janz richtig:
Da is nischt mehr zu machen,
det is offensichtlich.
Ick vamute schon heute, wat ick dann denke
kurz eh ick ooch meinen Jeist noch vaschränke.
Der letzte Jedanke, naturgemäß flüchtig:
Ick denk an mein Leben, det jut war un tüchtig,
een jerne jelebtet
– et fehlt mir nun richtig.

CHRISTIAN STEIGER, Jahrgang 1968, wächst mit Fritz B. Buschs Geschichten in auto motor und sport auf und besucht als Zwölfjähriger zum ersten Mal sein Museum in Wolfegg. Als junger Redakteur der Zeitschrift Motor Klassik lernt er den großen Autoschreiber 1996 persönlich kennen. Christian Steiger lebt im Hamburger Bezirk Bergedorf. Sein Weg zur nahen Autobahn führt ihn manchmal mehrmals täglich am Neuengammer Hausdeich 473 vorbei, wo Fritz B. Busch in den frühen Fünfzigern lebte.

KAPITEL 1

FORD V8

24
24
DLR 31·825
NY 35

FORD V8: HENRYS RACHE

Mit dem V8 als erstem Billig-Achtzylinder Amerikas schlug Henry Ford zurück, als Chevrolet begann, seinem A-Modell mit einem sensationellen Sechszylinder das Wasser abzugraben.

Nun gut, mag sich Henry Ford im Jahr 1927 gedacht haben, mein T-Modell wollt ihr nicht mehr haben, also machen wir den Laden mal für ein halbes Jahr zu und legen ein modernes Auto aufs Band, das A-Modell. 40 PS, sagte er sich, das Doppelte vom T-Modell, kein Mensch braucht mehr. So kann es nun mit der Einmodell-Strategie lustig weitergehen. Gesagt, getan, das A-Modell kam 1928 zu einem Zeitpunkt, als sie bei Chevy noch nicht einmal Bremsen an der Vorderachse hatten. Henry war guter Dinge, legte sich aufs Ohr, zog die Decke über den Kopf und wollte erst mal Ruhe haben. Das Erwachen war furchtbar:

> **»HENRY SCHWOR RACHE UND VERFIEL AUF DIE GRANDIOSE IDEE, DEM SECHS-ZYLINDRIGEN CHEVY AMERIKAS BILLIGSTEN ACHT-ZYLINDER ENTGE-GENZUSETZEN.«**

Ein Jahr später startete Chevrolet seinen sensationellen Sechszylinder-OHV-Motor und mit einer Karosserie, die das A-Modell an eleganter Linienführung übertraf. Es war mit 595 Dollar zwar um einiges teurer als das 450 Dollar billige A-Modell, aber es wurde auf Anhieb ein richtiger Bestseller.

Henry schwor Rache und verfiel auf die grandiose Idee, dem sechszylindrigen Chevy Amerikas billigsten Achtzylinder entgegenzusetzen.

Schon 1932 begann der Start des ersten massenproduzierten Achtzylinders der Welt mit einem Hubraum von 3,6 Liter und etwa 70 Pferdestärken. Er kostete 460 Dollar, nur lächerliche zehn Dollar mehr als der Vierzylinder, dessen Chassis er sich bediente. Und heute wissen wir, dass er es war, der die Amerikaner für alle Zeiten auf V8-Triebwerke umtopfte. Henry Ford war eben doch der Größte.

Die Weltwirtschaftskrise (in den USA währte sie länger als bei uns) kam ihm zwar dazwischen, aber weil er seinem V8 jedes Jahr zumindest eine neue Kühlermaske spendierte und ihn auch sonst dem Zeitgeschmack anpasste, konnte er schon 1935 den einmillionsten verkaufen und endlich wieder ruhig schlafen. Von seinem simplen Fahrwerk mit je

FRITZ B. BUSCH

einer Blattfeder über der vorderen und hinteren Starrachse sagte sich der leise röchelnde Kraftmeier aber nie los. Das störte die dahingleitenden Amerikaner überhaupt nicht, und hier zu Lande hatten die wenigsten Autler Gelegenheit, seine Straßenlage auszuprobieren.

Dennoch statuierte Erich Petzold aus Köln im Jahr 1936 ein Exempel. Er lud drei Mitfahrer in seinen Ford-V8, der es inzwischen auf 90 PS gebracht hatte, und jagte mit ihnen über die Reichsautobahn Frankfurt-Bruchsal drei Mal hin und zurück. Da kamen 652 Kilometer zusammen, die er mit einem 130er-Schnitt abspulte, wobei sich herausstellte, dass der V8 es auf 142 km/h Spitze zu bringen vermochte. Das war die bisher höchste erzielte Reisegeschwindigkeit und Autobahnfestigkeit eines in Deutschland gebauten Tourenwagens. (Der V8 kam als DEUTSCHES ERZEUGNIS aus Köln.) Es war ein Wert, der in jenen Tagen noch nicht einmal von einem Reihenachtzylinder-Horch erreicht wurde. Der war drei Mal so teuer wie der Ford und musste schon bei 120 km/h passen. Ach ja, die V8-Limousine kostete ab Köln im Jahr 1938 knapp 5000 Mark, als ein Mercedes 170 V knapp 4000 Mark kostete.

Vergleichen wir den Ford-V8 mit einem deutschen V8, so stoßen wir auf den Horch 830, einen Dreiliter in V-Form, der 70 PS mobilisierte und es auf 115 km/h brachte. Er kostete siebeneinhalbtausend Mark.

Weshalb, um alles in der Welt, schlug deshalb Henry's Wunderwaffe nicht alle einheimischen Klassengegner?

Mir fällt ein Witz ein aus jenen Tagen. Ich las ihn in irgendeinem Fachblatt: »Stellen Sie sich vor, Ihr Konkurrent, der Bimshuber, hat sich einen Achtzylinder gekauft.« »Tatsächlich? Das ist ja unglaublich, unerhört ist das ...« »Regen Sie sich doch

»HIER ABER DROHTE HERR GENERALDIREKTOR OBERMÜLLER GAR SEIN GESICHT ZU VERLIEREN, WENN ER SICH IN EINEM BILLIG-ACHTZYLINDER GEZEIGT HÄTTE. IN SEINEN KREISEN FUHR MAN MAYBACH, HORCH, MERCEDES.«

TF-100218
SEMESTRE

nicht auf, es ist ja nur ein Ford.« Das ist es. Wer damals einen Achtzylinder erwerben und unterhalten konnte, der hatte es nicht nötig, einen billigen Achtzylinder zu kaufen. Das war drüben in den Staaten etwas völlig anderes. Hier aber drohte Herr Generaldirektor Obermüller gar sein Gesicht zu verlieren, wenn er sich in einem Billig-Achtzylinder gezeigt hätte. In seinen Kreisen fuhr man Maybach, Horch, Mercedes.

Und in den Kreisen weit darunter wartete man auf den Volkswagen für einen knappen Tausender. Allein die Kosten für Haftpflicht- und Kasko-Versicherung eines Achtzylinders entsprachen dem Monatsgehalt eines gut dotierten Angestellten. Und wenn auch der Kraftstoffpreis von 38 bis 40 Pfennig pro Liter uns Heutige in wehmütiges Schluchzen versetzt, so entsprach er doch dem Gegenwert für eine halbe Arbeitsstunde des normalen »Volksgenossen«.

Und schließlich sind wir auch heute noch nicht so weit, dass wir uns eben mal einen Achtzylinder leisten können. Es sei denn, einen Oldie von drüben. Ich habe denen in meiner aktiven Zeit als Autotester so manchen Lorbeerkranz gewunden: »Das Leben beginnt mit acht Zylindern« – »Hubraum ist nun mal durch nichts zu ersetzen« – »Du fährst auf einer Wolke, die ein Engel schiebt« – »Wenn sich auch nur eine Fliege aufs Gaspedal setzt, geht er schon auf und davon«. Und nichts von alledem nehme ich zurück.

KAPITEL 2

1928: DIE AUTOS DER SAISON

HH-MM 451

1928: B. BUSCH ERPROBT DIE AUTOS DER SAISON

Wie gut waren die Autos der Goldenen 20er Jahre? Der kleine Dixi und der hochbeinige Ford, der billige Opel und der hüpfende Hanomag? Stieg Puppchen damals gern ins Automobil?

Auf einem kleinen, stillen Weiher ruderten Mädchen in bunten Booten. Eines von ihnen kletterte zu mir in den Hanomag und fuhr ein Stückchen mit. Während einer Rast in einem schattigen Waldcafé, und während sich rundum die Familien für fünfzig Pfennig heißes Wasser am Büfett abholten, um Kaffee zu kochen und den mitgebrachten Streuselkuchen zu verzehren, summte das Mädchen die Melodie vom schönen, aber armen Gigolo.

Die Kleine erinnerte mich an Kate Kühl, die ich neulich im Keller unter dem Theater des Westens singen hörte. Sie sang mit unnachahmlicher Nonchalance. »Und wenn sich

alles nach mir sehnt, ich steh' immer nur angelehnt, angelehnt – an der Wand ...«

Es ist eine tolle Zeit, in der wir leben, und doch ist es die Zeit der kleinen, sentimentalen Lieder. Aber die Saxophone schluchzen nicht nur, sie können auch hämmern – Foxtrott, Charleston! Ich glaube, wir leben träumend zwischen gestern und morgen, ein wenig hin- und ein wenig hergerissen. Und den Technikern scheint es nicht anders zu ergehen. Während Fritz von Opel vor wenigen Wochen mit seinem durch Rückstoß explodierenden Pulvers angetriebenen Raketen-Auto auf der Avus die unwahrscheinliche Geschwindigkeit von 195 Kilometern in der Stunde erreichte, wird der in seinem Werk hergestellte kleine Opel-Wagen schon bei 60 km/h von einer derart kritischen Drehzahlschwelle

> **»DIE AMERIKANER SIND NÄMLICH, WAS DEN BILLIGEN, UNPROBLEMATISCHEN GROSSSERIENWAGEN BETRIFFT, EIN GANZES STÜCK WEITER ALS WIR.«**

heimgesucht, dass man sich wie auf einem Vibrationsstuhl vorkommt. Wir lassen Zeppeline steigen, die bis nach Amerika fliegen, fahrplanmäßig wie Berliner Omnibusse, aber wir sind noch immer auf der Suche nach einem billigen, zuverlässigen Kleinauto. Die Masse der Deutschen steht »angelehnt an der Wand« und wartet. Das Mädchen hat einen Freund, er ist Schlosser und fährt eine 200er-Zündapp. Allerhand für so einen jungen Mann. Aber – »man wird immer gleich so nass und schmutzig auf dem Ding«, sagt das Mädchen. Und viele kleine Handlungsreisende würden gern ihre Kundschaft mit dem Auto besuchen, nur gibt es den VolksKraftwagen, von dem so viel gesprochen wird, nicht.

Ich will hier nicht gegen deutsche Automobile polemisieren, obwohl das dem verantwortungsbewussten Kritiker wohl anstünde. Die Amerikaner sind nämlich, was den billigen,

unproblematischen Großserienwagen betrifft, ein ganzes Stück weiter als wir. Nun ja, sie haben ihren Henry Ford. Weil unsere Autoindustrie keinen solchen Mann hat, erfand sie das geflügelte Wort: »Deutsche! Kauft deutsche Autos!« Und wir müssen dieser Aufforderung wohl auch Folge leisten, denn es geht um unsere Arbeitsplätze. Nur meine ich, dass man an den deutschen Autos, die wir kaufen sollen, nicht nur feilen, sondern dass man sie ganz erheblich verbessern müsste. Unsere Herren Konstrukteure konzentrieren sich augenblicklich ganz auf den Bau von sechs-, acht-, ja zwölfzylindrigen Luxusautos. Ausgerechnet Bananen! An die Motorisierung der Massen denkt wohl keiner?

EIN GEWISSES HÜPFEN

Der Volksmund ist findig, wenn es gilt, Ungewohntes zu verspotten. So geriet der kleine Hanomag, der seit nunmehr vier Jahren gebaut, aber leider nicht entscheidend verbessert wird, ob seiner ungewohnten Form in den Ruf, weiter nichts als ein motorisiertes Kommissbrot zu sein. »Kommissbrot!«, das rufen die Dorfbuben dem Hanomagfahrer ungeniert nach. Und in jenem Kaffeegarten umtanzten mich gar ein paar besonders ungezogene Rangen und plärrten unablässig:
»Ein Kilo Blech, ein Döschen Lack, und fertig ist der Hanomag!« Ich muss gestehen, dass einem solche respektlosen Volksweisheiten auf die Nerven gehen,

wenn man das betroffene Automobil fährt. Dabei hat gerade dieser Kraftwagen das Zeug, bei weiterer Verfeinerung ein Volks-Automobil zu werden. Ja, ich vermute, dass eines Tages, wenn es wirklich einen Volks-Kraftwagen geben sollte, sich dessen äußere Form nicht wesentlich von der des kleinen Hanomag unterscheiden dürfte. Hier haben wir ein halbwegs brauchbares Kleinauto, das durch seine neuzeitliche Konzeption anschaffungs- und unterhaltsbillig ist. Man kann mit ihm auch größere Tagesetappen bewältigen. Wir legten im Verlaufe unserer strengen Erprobungsfahrt einmal dreihundert Kilometer hintereinander fast ohne Pause zurück.

Beim Hanomag besticht den Kritiker das wegweisende Konzept: Der Motor liegt hinten, da, wo es die Räder anzutreiben gilt. Aber in weiser Voraussicht liegt er dennoch vor der Hinterachse! Das ist von erheblicher Bedeutung in Bezug auf die gesamte Schwerpunktlage. Ein hinter der Achse angeordnetes Triebwerk würde zweifellos Schlingerbewegungen hervorrufen, besonders bei Seitenwind und auf nassem Pflaster. Künftige Volks-Kraftwagen-Konstrukteure mögen das bitte berücksichtigen, sonst handeln sie sich einen Sack voller Fahrwerkprobleme ein. Bei dem Motor handelt es sich allerdings um ein simples und nicht sehr kultiviertes Triebwerk. Er ist ein wassergekühlter Einzylinder mit 499 ccm Inhalt, der bei 2500 Umdrehungen

pro Minute 10 PS leistet, wobei er sich leider rasch erhitzt. Im deutschen Kleinwagenbau glaubt man noch immer, auf den Kühlventilator verzichten zu können. Darunter leidet auch der kleine Opel, sofern er in den Bergen gefahren wird. Manche Konstrukteure scheinen ihre Erprobungsfahrten ausschließlich auf dem Fabrikhof zu absolvieren.

Auch die Federung beider Achsen muss beim kleinen Hanomag scharf kritisiert werden, da sie keinerlei Rücksichten auf den tatsächlichen Straßenzustand in unserem Lande nimmt. Man darf dem Wagen, ohne der deutschen Sache allzu sehr zu schaden, wohl ein gewisses Hüpfen bescheinigen. Es wird auf die Dauer recht lästig. Die hinteren Spiralfedern haben ein sehr begrenztes Schluckvermögen. Sie sind für das geringe Wagengewicht von 370 kg beträchtlich überdimensioniert. Auch der sehr kurze Radstand, wie er für einen billigen Wagen nun mal obligatorisch ist, verstärkt die Neigung zum Hoppeln. Hier sollten sich die Hanomag-Konstrukteure einmal mit der sogenannten Schwingachse auseinandersetzen, wie sie der für Tatra tätige Konstrukteur Ledwinka mit großem Erfolg besonders auch bei kleineren Fahrzeugen anwendet.

Ein arger Minuspunkt ist auch das Fehlen eines elektrischen Starters. Man muss den Motor über einen Hebel, der zwischen den Sitzen am Boden angebracht ist, mit der Hand anwerfen. So viele Vorzüge der Kleine auch für die selbstfahrende Dame haben mag, so

wird sie dennoch nicht umhinkönnen, sich eines ständigen Begleiters für das Anwerfen oder Anschieben des Wagens zu versichern. Der kleine Dixi startet dagegen schon elektrisch. Dafür ist der Hanomag allerdings ein wirklich geräumiger Zweisitzer, in welchem sich eine behagliche Sitzposition einnehmen lässt. Ganz im Gegensatz zum sehr beengten Dixi, in dem der Mitfahrer fast mit dem Rücken zur Tür sitzen muss, wenn der Fahrer das Lenkrad auf einer kurvenreichen Strecke zu betätigen hat.

Auch die leichtgängige Lenkung des Hanomag hat mich begeistert. Im Übrigen erwarb die bekannte Filmschauspielerin Dina Gralla schon vor Jahresfrist einen Hanomag, und zwar eben diesen Sportzweisitzer, wie er uns für die Erprobungsfahrt zu Verfügung stand. Man kann den Wagen bekanntlich auch als Coupe haben, aber dann ist er wesentlich schwerer und nicht so behände.

»JA, ICH VERMUTE, DASS EINES TAGES, WENN ES WIRKLICH EINEN VOLKS-KRAFTWAGEN GEBEN SOLLTE, SICH DESSEN ÄUSSERE FORM NICHT WESENTLICH VON DER DES KLEINEN HANOMAG UNTERSCHEIDEN DÜRFTE.«

Freilich muss die Dame den Sportzweisitzer förmlich besteigen, denn Türen sind nicht vorhanden, lediglich ein dieses Manöver erleichternder Ausschnitt. Für Fahrer, die eine Dame mitnehmen, und für männliche Passanten, die eine Dame in den Hanomag klettern sehen, ein Quell der Freude.

Wir haben mit dem Sportzweisitzer eine Höchstgeschwindigkeit von 65 Kilometern pro Stunde erreicht und diese auf guten Straßen auch eine Zeitlang halten können. Seine an und für sich gute Bergsteigefähigkeit, die von der Untersetzung der Kraftübertragung hergegeben ist, leidet erheblich unter alsbaldigem Kochen des Kühlwassers. Ein Behältnis frischen Wassers muss man bei Bergfahrten immer mitführen. Wollen die Hanomag-Kalkulatoren ihren Kunden nicht doch einen elektrisch betriebenen Ventilator spendieren?

ENDSTATION SACKGASSE

So erfreut wir waren, als erste deutsche Zeitschrift gewissermaßen einen »Erlkönig« erproben zu dürfen, so traurig stimmte uns das Ergebnis. Der Dixi, den wir fuhren, war keiner – er war ein BMW. Und er wurde überall, wo wir mit ihm anhielten, von wissbegierigen Passanten umringt. Eigentlich hatten wir einen Dixi fahren wollen, im letzten Moment aber stellte sich heraus, dass es in wenigen Monaten gar keinen Dixi mehr geben wird. Die Eisenacher Automobilwerke sind an BMW verkauft worden. Das ist noch weithin unbekannt. Uns gelang es jedoch bereits, einen Prototyp des neuen, vom Dixi abgeleiteten BMW-Kleinwagens zu ergattern. Da wurde nun aus dem britischen Austin Seven in Deutschland zunächst ein Dixi und nun noch ein BMW. Doch wie ist ihm das bekommen?

Ursprünglich war der Austin Seven als leichter Zweisitzer gedacht, und als solcher wurde er berühmt. Aber die Käufer verlangten bald nach zwei weiteren Sitzen. Wir wissen aus zuverlässiger Quelle, dass sich Sir Austin nur ungern entschloss, diesem Verlangen stattzugeben. Er ahnte wohl, dass es dann mit der ausgewogenen Fahrharmonie seines Kleinwagens vorbei sein würde. Auch ich habe den größeren Fahrspaß stets im Zweisitzer gehabt. Doch der deutsche Dixi wurde auch bald mehr als Viersitzer verkauft, freilich als offener, mit einem leichten Allwetter-Verdeck. Nun scheint es aber ganz schlimm zu kommen. BMW ging gleich zur Ganzstahl-Limousine über, die nur von einem verstärkten Fahrgestell und größeren Reifen (die einen erhöhten Rollwiderstand verursachen) getragen werden kann. Der Motor blieb der gleiche, das Auto nicht. Aus ist es mit dem flinken und leichtfüßigen Dahinsausen! Steuert BMW das brillante AustinKonzept in eine Sackgasse? Der viel zu schwere Limousinen-Aufbau verändert den Charakter dieses kleinen Wägelchens recht nachteilig. Aber - man fährt ja heute geschlossen! Die hochgestochene Limousinen-Werbung der Luxus-Marken verdirbt natürlich auch den Kleinwagen-Käufer. Er glaubt, einen Innenlenker erstehen zu müssen, aber ich meine, dass die sogenannte Pullman-Limousine ihrer sechs Zylinder bedarf. Selbst der kleine 4/16 PS-Opel leidet unter dieser verderblichen Tendenz. Als Limousine ist er schwerfällig, müde und darüber hinaus von Federbrüchen bedroht; als offener Wagen ist er ein fröhlicher Sauser. BMW will auch einen Zweisitzer bauen, und nur ihn wird man dem gutgläubigen Käufer empfehlen dürfen. Der wassergekühlte

Vier-Zylinder-Motor, 743 ccm groß, 15 PS leistend, zeigt deutlich, worum es Sir Austin ging. Er verkleinerte ein richtiges, großes Auto auf ein Mindestmaß von Auto. Das war kein besonders revolutionierendes, aber doch ein sicheres Konzept. Und Sir Austin wusste, dass »klein« vor allem auch »leicht« bedeuten musste. So schaffte der kleine Zweisitzer mühelos seine 75 Kilometer pro Stunde, und er fürchtete sich nicht vor Bergen. Dies alles wird der BMW-Limousine nicht gelingen. Wir konnten sie nicht voll ausfahren, weil der Motor vom Werk angeblich noch gedrosselt war; aber ich schätze, dass nicht mehr als 65 km/h drin sein werden und dass man gewisse Steigungen, vor allem, wenn vier Personen in der Limousine sitzen, wohl wird meiden müssen.

Aber diese harte Kritik entbehrt nicht des Hoffnungsstrahls: Man wird bei BMW

bald merken, dass es so nicht geht, und sich genötigt fühlen, einen Kleinwagen zu entwickeln. Ich konnte in Erfahrung bringen, dass man mit der Schwingachse sympathisiert und sich darüber im Klaren ist, dass zwanzig Pferdestärken das Minimum zur Fortbewegung einer kleinen Limousine sind. Hoffen wir also vor allem auf ein besser gefedertes Kleinauto, denn auch in der Rhön, in Ostpreußen, in Schlesien, in der Eifel, in Holstein und im Bayerischen Wald wohnen Leute, die gern Auto fahren möchten, ohne ihre Zahnprothese zu verlieren.

IM OFFENEN STRESEMANN

Ich betrachte es als eine Degenerationserscheinung, dass das Fahren im offenen Wagen aus der Mode zu kommen droht. Man kann sich nicht in ein Zimmer einschließen und damit über die Straßen fahren. Der Wagenlenker ist dringend auf den unmittelbaren Kontakt zur Umgebung angewiesen. Er muss eine kalte Nase bekommen, damit er merkt, dass Glatteis droht. Er muss vom Fahrtwind geohrfeigt werden, wenn er zu schnell fährt. Er muss letztlich auch den wehrlosen Radfahrer klingeln hören. Die nahezu geräuschlosen, dicken Luxuslimousinen, in die neuerdings sogar Heizungsaggregate installiert werden sollen, leiten die Automobilentwicklung zweifellos fehl. Wer im Sessel hinter dem Ofen sitzen will, der soll doch zu Hause bleiben! Unsere Flieger sitzen ja auch im Freien, und das aus gutem Grund. Sie würden in Ermangelung von Kurven, Chausseebäumen und Gendarmen da oben wohl sehr bald einschlafen, wenn sie im Ohrensessel am Fenster sitzen dürften. Ich selbst habe den Reichsaußenminister Stresemann sowohl in Berlin als auch in Rapallo im offenen 100/140-PS-Kompressor-Mercedes fahren sehen, obwohl ihm jederzeit auch eine Limousine zur Verfügung stand.

Charles Lindbergh berichtete nach seinem Ozeanflug freimütig, dass er schon wenige Stunden nach dem Start

BMW

eingeschlafen sei. Er flog in einer geschlossenen Kabine! Einmal erwachte er, und es gelang ihm gerade noch, die Maschine nur wenige Meter über den Wellenkämmen des Ozeans abzufangen. Nun, die amerikanische Regierung schenkte ihm vor wenigen Wochen einen offenen Packard, der ihn wohl wachhalten wird.

Im offenen 4/16 PS-Opel fühlte ich mich besonders wohl. Er hat bekanntermaßen einen Packard-Kühler, also eine Kühlerform, die der des Packard täuschend nachempfunden ist. Sie steht dem Wagen ganz ausgezeichnet. Natürlich ist auch dieser Wagen nicht ohne Fehl. Aber, er ist vor allem eines – ein sehr geräumiger und dennoch leichter Viersitzer. Und darauf kommt es an.

Während der ausgiebigen Erprobungsfahrt konnte ich eine weitere, recht positive Beobachtung machen: Es war überhaupt keine Schwierigkeit, für den Opel Mitfahrer zu finden. Die jungen Damen stiegen gern zu. Dagegen schreckten manche vor einer Fahrt im Hanomag mit einem verlegenen Kichern zurück. Und die BMW-Limousine war jenen etwas weltgewandteren, jungen Damen, die von Hollywoodfilmen her genau wissen, wie ein Auto aussehen kann, wohl doch zu klein. Den Ford akzeptierten sie nur deshalb weniger freudig, weil sie in dem geschlossenen Coupe nicht so gut gesehen werden konnten. Im offenen Opel ließen sie sich nur zu gern spazieren fahren. So kam es, dass er während der Erprobungsfahrt meistens voll besetzt war. Es ging mir ja auch darum, die

Belastbarkeit der Fahrzeuge zu ermitteln. Hinzu kommt, dass sich die hinten Sitzenden im Opel wirklich räkeln können. Der Beinraum ist ganz beachtlich, und man legt den rechten oder den linken Arm bequem auf die Bordkante.

Aber nun zur Technik. Der Vierzylinder-Einliter-Motor leistet bei 2800 Umdrehungen 16 PS. Gerüchten zufolge soll die Leistung in Kürze auf 20 PS erhöht und der Kühler mit einem Ventilator ausgerüstet werden. Diesen 4/20-PS Opel konnten wir leider noch nicht bekommen, er scheint sich aber schon im ersten Produktionsstadium zu befinden. Der Opel ähnelt mehr als der Hanomag und auch mehr als der sehr kleine BMW einem richtigen Automobil, geeignet für eine vierköpfige Besatzung. Und tatsächlich trifft man ihn auch häufig, selbst im benachbarten Ausland, voll besetzt mit vier Reisenden an, dazu noch einen oder zwei Koffer aufs Trittbrett geschnallt. Er hat, das sei nicht verschwiegen, zwei recht unangenehme Eigenschaften. Die eine erwähnte ich bereits: Bei 55 bis 60 Kilometer Geschwindigkeit gerät die Maschine in einen kritischen Drehbereich, der das ganze Fahrzeug erschüttert. Überschreitet man diese Schwelle, so tritt etwa bei 65 km/h eine nahezu vollkommene Stille ein. Der Wagen schwebt nur so dahin. Besonders nach einem Landregen oder Gewitter, wenn die Luft kühl und ozonreich ist, läuft der Opel-Motor jenseits dieser Schwelle wie auf Daunen. Sollte man diese in ihm schlummernde Tugend nicht derart kultivieren

können, dass sie sich über den gesamten Drehzahlbereich bemerkbar macht? Die andere Untugend beruht auf der von schlichten Auslegerblattfedern gebildeten Hinterachs-Aufhängung. Sie registriert jedes, auch das kleinste Schlagloch! Ein Wiener Fiaker und auch die Droschke des »Eisernen Gustav« aus Berlin, mit der er im Frühsommer von Berlin nach Paris fuhr und damit einige Berühmtheit erlangte, sind weitaus besser gefedert. Wissen Sie übrigens, dass Gustav auf die Frage eines französischen Zöllners, ob er französisch spreche, mit einem schlichten »Yes« antwortete?
Bliebe noch zu erwähnen, dass sich der Opel streckenweise auf 80 km/h bringen ließ. Fünfundsiebzig konnte man ihm jederzeit abverlangen.

HENRYS BULLDOGGE

Ich bin weit davon entfernt, mich dafür, dass ich einen amerikanischen Ford in diese »STERN-Erprobungsfahrt« aufnahm, zu entschuldigen. Ich weiß recht gut, weshalb ich es tat. Die Amerikaner zeigen uns, wie man sehr leistungsfähige Autos sehr billig baut. Ich betone seit Jahren, dass wir das endlich lernen müssen. Der Ford – es ist das A-Modell – wird übrigens in Berlin-Westhafen montiert und verhilft deutschen Arbeitern

zu Lohn und Brot. Schon jetzt verlässt alle siebeneinhalb Minuten ein solches A-Modell das laufende Band der Berliner Fabrik. Und es kostet als offener Viersitzer nur 3600,- Mark, also nur 800,- Mark mehr als der Opel und auch nur 800,- Mark mehr als der winzige BMW. Aber gegen diese Bulldogge an robuster und langlebiger Kraft sind die anderen wahrhaft Pinscher. Wären unsere Autos, wie in den USA, nicht mit einer unsinnigen und fortschritthemmenden Hubraumsteuer belastet, würde dieser Ford wahrscheinlich unser Land überschwemmen. Gleichstarke deutsche Autos kosten fast doppelt so viel wie er. Als Nachfolgetyp des legendären T-Modells ist er, wie dieses, vor allem darauf ausgerichtet, sehr lange ohne Reparaturen auch auf schlechtesten Straßen zu funktionieren. Unter dieser Grundkonzeption leidet der Fahrkomfort kaum, obwohl das ganze Auto mit zwei Blattfedern auskommt; die eine sitzt vorn, die andere hinten, beide quer zur Fahrtrichtung. Einziger Nachteil dieser Anordnung: Der Wagenaufbau neigt sich in flott gefahrenen Kurven stark zur Seite. Das begrenzte Schluckvermögen der bewusst einfach gehaltenen Federung wird durch großvolumige Reifen und dicke Sitzpolster entschärft. Leider konnte uns kein offener Zwei- oder Viersitzer zur Verfügung gestellt werden, diese Modelle waren vergriffen. Der geschlossene Zweisitzer hat im hinteren

Wagenkasten eine Notsitzbank für zwei weitere Personen. In diesem Raum lässt sich aber auch recht umfangreiches Reisegepäck unterbringen.

Die Motorleistung ist infolge des reichlich bemessenen Hubraumes gewaltig. Wir erprobten das Modell mit dem 3,3 LiterVierzylinder-Motor, der 40 PS leistet. Man kann den Wagen aber auch mit einem 2 LiterVier-Zylinder-Motor und 28 PS Leistung haben. In beiden Fällen wird die betreffende PS-Zahl bereits bei nur 2200 Umdrehungen pro Minute erreicht Daraus resultiert nicht zuletzt die Unempfindlichkeit und hohe Lebensdauer dieser Motoren. Einige hunderttausend Kilometer Laufzeit stecken da zweifellos drin; das macht ein solches Auto am Ende wirklich billig. Der etwas rau arbeitende Motor entfaltet auch in niedrigsten Drehzahlbereichen noch so viel Kraft, dass man den Ford kaum zu schalten braucht. Auf gutem Straßenbelag erreichten wir tatsächlich die im Prospekt versprochenen und vom Publikum so angezweifelten 100 Kilometer Stundengeschwindigkeit. Es ist schon ein berauschendes Gefühl, in diesem Tempo in einem schweren Wagen dahinzubrausen. Und dies alles für einen so vorteilhaften Preis!

Leider wurde der jeweils am Lenkrad des Ford sitzende Erprobungsfahrer sehr oft von besonders national denkenden Volksgenossen angepöbelt. Auf dem flachen Lande wird sich ein amerikanisches

Fabrikat dieser Art wohl nur schwer durchsetzen können, obwohl doch in fast jedem Haushalt eine Singer-Nähmaschine steht, die schließlich auch nicht auf deutschem Mist gewachsen ist.
Aber die von mir auf diesen Punkt angesprochene Geschäftsleitung in Berlin-Westhafen gab sich optimistisch. Man gab mir mit einem vielsagenden Augenzwinkern zu verstehen, dass sich da bald einiges ändern werde. Und so scheint die geplante Kölner Ford-Fabrik wohl beschlossene Sache. Der große Henry steckt die anderen dann hoffentlich

nicht ganz und gar in die Tasche. Das Dahinsterben deutscher Automobilfabriken ist ohnehin beunruhigend. Während noch vor vier Jahren in unserem Lande 65 Automobilhersteller 90 verschiedene Typen fabrizierten, sind es heute nur noch 23 Hersteller, die 45 Typen auf den Markt bringen. Man darf vermuten, dass nur die überleben werden, die sich besondere Mühe geben. Und die sollen sich endlich einmal ein Schiffsbillett kaufen und hinüber in die USA fahren, um dort den Automobilbau zu studieren. Vielleicht ist einer unter ihnen, dem schließlich der entscheidende Einfall kommt, die Antwort auf die brennende Frage: Wie baut man einen Volks-Wagen? Am Ende der Erprobungsfahrt wusste ich ganz sicher, es gibt ihn noch nicht. Dass mir die Horch-Werke, um mich mit dem derzeitigen deutschen Automobilbau zu versöhnen, in großzügigster Weise ihren an sich noch geheimen, nächstjährigen Achtzylinder für Privatfahrten zur Verfügung stellten, ändert an der beklagenswerten Situation an und für sich nichts. Denn diesen sehr guten Wagen können sich nur ganz wenige leisten.

Aber das deutsche Volk muss ein Volk von Kraftfahrern werden! Andernfalls gerät es so stark ins Hintertreffen, dass es, anstatt die erste Geige zu spielen, höchstens auf dem Hinterhof noch Musik machen kann.

KAPITEL 3

FORD THUNDERBIRD

FORD THUNDERBIRD: DIE WUNDERBARE WOLKE

Kleinwagen, Mittelklassewagen, Klassewagen, Traumwagen – so unterteilt B. Busch das Angebot auf dem Automobilmarkt. In der Traumwagenserie des STERN erzählt er, was ein Mann am Steuer der schönsten, schnellsten und teuersten Autos der Welt erlebt. Diesmal berichtet B. Busch über ein echt amerikanisches Druckknopf-Auto: den 250 PS starken Ford Thunderbird.

Das Mädchen, das von Köln nach Frankfurt wollte, sah in ihm so etwas wie »eine wunderbare Wolke«.

Ein junger Mann, der unter der roten Ampel für eine halbe Minute auf seinem Moped neben mir saß, nannte ihn »ein Übermaß«.

Und ein zorniger Fußgänger, der sich völlig zu Unrecht von ihm bedroht fühlte (die Stadt wird plötzlich klein;

»WENN MAN EINEN THUNDERBIRD FÄHRT, SIEHT DIE WELT PLÖTZLICH ANDERS AUS. DIE LEUTE, MIT DENEN MAN ZU TUN HAT, SETZEN IHR SONNTAGSGESICHT AUF.«

wenn man ihn kommen sieht), schimpfte ihn »Protzkasten«.
Die Werbemanager in seiner Heimat nennen ihn »Donnervogel«. Und wenn Sie auch mir eine kleine Übertreibung gestatten, so möchte ich behaupten: Wenn man einen Thunderbird fährt, sieht die Welt plötzlich anders aus.
Die Leute, mit denen man zu tun hat, setzen ihr Sonntagsgesicht auf. Die Tankwarte blicken zuversichtlicher drein, als wenn ein Kabinenroller vorfährt. Die Hotelpagen spurten schneller. Die Zimmerpreise steigen, und die Hände, die das Trinkgeld entgegennehmen, erscheinen einem größer.
Außerdem wird die Strecke München – Hamburg um rund 300 Kilometer kürzer. Man ist auf einmal da und meint, man wäre noch dort, und

man ist so frisch wie am Start. Auch neigt man dazu, sich entgegen sonstiger Gewohnheit zweimal täglich zu rasieren. Es gibt nämlich auf einmal vielmehr hübsche Mädchen, was wiederum von den Blicken kommt, die die hübschen Mädchen sonst woanders hinwerfen, so dass man ihre Gesichter nicht sieht. Ich hoffe, Sie haben keinen Test erwartet.

Traumwagen testet man nicht, man beschreibt sie. Denn sie bestehen viel weniger aus dem, was man messen kann, als aus dem, was sie einem geben. Und sie geben viel: Sie verjüngen; sie heilen seelische Depressionen; sie weiten den Horizont und vergrößern den Maßstab, den wir an die Dinge des täglichen Lebens zu legen gewohnt sind. Sie heben uns hoch und schieben uns über die Wolken, dahin, wo immer die Sonne scheint: Dort lassen sie uns ein Weilchen liegen – so lange, bis wir sie ebenso gewohnt sind wie alles andere, das uns langweilt.

Als Henry Ford das legendäre TModell schuf, jenen hochbeinigen, motorisierten Tribünenplatz, bestand das Geniale an dieser Konstruktion im Weglassen. Der Flotte Enkel des T-Modells, der

Thunderbird, zeichnet sich dadurch aus, dass so gut wie nichts weggelassen wurde. Er ist fast schon »zuviel Auto fürs Geld«. Sollte wirklich etwas fehlen, so kann man es sich gegen Aufpreis wünschen – etwa eine vierfache elektrische Sitzverstellung oder eine Vakuum-Türverriegelung oder Speichenräder oder einen noch viel stärkeren Motor ...

Trotzdem: Nichts an, diesem äußerlich so bombastischen Automobil ist spektakulär. Alles ist voll vornehmer Gelassenheit. Dass die Amerikaner ihren Thunderbird wirklich für einen Sportwagen halten, glaube ich der Ford-Werbung nicht. Er hatte früher mal nur zwei Sitze und sah aus wie ein Roadster, vielleicht kommt es daher. Inzwischen wurde er ein Traumwagen groß, breit, schwer, bequem und viersitzig.

In unserem Straßenbild wirkt er wie eine Rosine, die sich in einen billigen Frühstückskuchen verlaufen hat. Sein Anblick bringt jenen immer seltener werdenden Glanz in unsere Pupille, zu dessen Erzeugung im Jahr 1946 noch ein schlichter Brathering genügte.

Ich fuhr mit dem Thunderbird auf eine blumenübersäte Wiese, senkte

durch Knopfdruck die vollautomatischen Sitze in Liegestellung und blickte aus vier Augen, zwei grünen und zwei blauen, in den Himmel über uns. Das Radio spielte, das Auto roch nach Lack und Leder und Chanel No. 5. Ich drückte auf einen Knopf und das Auto schnurrte leise. Unsichtbare Elektro-Motoren öffneten den Kofferraum, fuhren das Verdeck aus, stellten es steil in die Luft um es dann auf uns herabzusenken und über unseren Köpfen leise zu verriegeln.

EIN DRUCK AUF DEN KNOPF...

Die amerikanische Art zu leben erschöpft sich nun einmal darin, auf den Knopf zu drücken. Und der Thunderbird ist ein amerikanisches Auto von heute. In den meisten europäischen Fahrzeugen bewegen wir uns – gemessen am Thunderbird – noch im Stil von gestern durch den Verkehr, der hier und da bereits die Ausmaße von morgen hat.

Die Amerikaner scheuten sich zu keiner Zeit, großvolumige und somit kräftige Motoren für den Fahrer arbeiten zu lassen, und sie vollendeten ihre automatischen Getriebe derart, dass man wetten möchte, es sei gar kein Getriebe mehr vorhanden.

Wir dagegen sind geschlagen und gezeichnet von der unsinnigen Hubraumbesteuerung, die uns seit Jahrzehnten am segensreichen Gebrauch großer Motoren hindert. Wir leiden oft genug in unseren untermotorisierten Autos mit dem Motor, beben mit ihm den Berg hinauf, quälen uns mit ihm bei Kolonnenfahrt, laufen mit ihm heiß und werden mit ihm sauer. Bei uns werden große und sichere und langlebige Motoren mit Geldstrafe belegt. Kleine, überzüchtete Heuler bekommen Mildernde Umstände.

Der Motor des Thunderbird kann aus dem Vollen schöpfen. Er ist 6,4 Liter groß und nach amerikanischer Rechnung dreihundert PS stark. Das sind immer noch 255 deutsche DINPS bei der verhältnismäßig niedrigen Drehzahl von 4600 U/min.

Der mächtige Achtzylinder V-Motor könnte auch einen Lastwagen bewegen, im Thunderbird regt er sich auf keinen Fall auf. Schon bei 2800 Umdrehungen gibt er sein bestes Drehmoment von 59 mkg ab (zum Vergleich: Der Opel Kapitän liefert 19 mkg bei 3100 U/min), und es wird kaum vorkommen, dass sein Besitzer den Motor bis obenhin ausfährt. Er hätte dann die 255 PS am Hals und wüsste nicht, wohin damit.

So bewegt sich dieser Motor im Allgemeinen in völlig harmlosen Drehzahlbereichen, in denen er unter zweihunderttausend Fahrkilometern unmöglich kaputt gehen kann.

Das Erstaunliche dabei ist sein verhältnismäßig geringer Benzindurst. Ich brauchte ihn zu meiner Verwunderung und entgegen anderslautender Meinungen mit nur 19,5 Liter Superbenzin auf 100 Kilometer zu füttern. Dieser Wert ergab sich als Durchschnittsverbrauch nach rund 2600 Kilometern. Stadt-, Autobahn- und Alpenfahrten eingeschlossen.

»IN DEN MEISTEN EUROPÄISCHEN AUTOS BEWEGEN WIR UNS – GEMESSEN AM THUNDERBIRD – NOCH IM STIL VON GESTERN DURCH DEN VERKEHR, DER HIER UND DA BEREITS DIE AUSMASSE VON MORGEN HAT.«

Auch 25 Liter wären nur dann viel, wenn man die deutschen Benzinpreise zugrunde legt, die zu rund 60 Prozent aus staatlichen Belastungen bestehen und ohne die unser Sprit nur 23 bis 36 Pfennig kosten würde.

Wir lächeln gern über die amerikanischen Straßen-Schlachtschiffe, aber die europäischen Autobauer könnten

eine Menge von ihnen abgucken. Ich bin zwar nicht dafür, dass auch unsere Autos so lang und so breit werden, aber ich wäre keinesfalls böse, wenn sie ebenso kraftvoll, so komfortabel und so mühelos zu bedienen wären.

START MIT ZIMMERLAUTSTÄRKE

Zugegeben: Der Thunderbird ist nichts für Buchhalterseelen. Er ist ein als Schleudersitz ausgebildeter äußers bequemer Ohrensessel, den man laut-los davonkatapultieren kann. Man drückt zu diesem Zweck nur auf ein einziges Pedal, das Gaspedal, das hie mehr die Funktion eines Fahrpedals ausübt, denn es veranlasst sozusagen von 0 bis 185 km/h alles Weitere. Auch der rasanteste Start, in dessen Verlau man so manchen brüllenden und mi den Flanken bebenden Sportwagen abhängen kann, als wäre er mit angezogener Handbremse gestartet, vollzieht sich in Zimmerlautstärke.

Die Ingenieure, die dieses Auto konstruiert haben, sind bestimmt nicht für seinen Namen veranwortlich. Denn der Thunderbird ist alles andere als ein Donnervogel – voraus gesetzt, dass solche Tiere nicht gerade zu Fuß laufen und Filzpantoffeln tragen.

Ein Sportwagen ist der Thunderbird nicht. Und doch macht er auf der Autobahn fast alle fertig. Da fliegt er an Ihnen vorüber, satt und ruhig liegend. Er ist für unendlich lange Highway gebaut. Nicht für München – Hamburg, eher für San Francisco - New York.

Ich wollte es genau wissen und fuhr ihn tagelang durch das Voralpenland, auf schmalen Sträßchen, durch ungezählte Kurven, von Hügel zu Hügel und von Berg zu Berg.

Es geht, man muss sich nur erst dran gewöhnen. Sehr bald hat man sich einen völlig anderen Fahrstil angeeignet. Man reist mehr, als man fährt.

Sollte das Lenkrad beim Einsteigen stören, so schiebt man es einfach mitsamt der Lenksäule beiseite, setzt sich bequem und nimmt dann das Lenkrad wieder vor den Bauch. Sobald der Wählhebel der Getriebeautomatik auf »Start« steht, rastet die Lenksäule unverrückbar ein. Erst bei ausgeschalteter Zündung und Leerlaufstellung lässt sie sich – zum Aussteigen – wieder verschieben.

Bücken, um die Handbremse zu lösen? Aber nein. Sie ist als Fußpedal gestaltet und wird mit einem Fußdruck angezogen und mit einem Fußdruck gelöst.

Und wenn man rauchen möchte? Endlich ein Auto, in dem das Rauchgeschirr richtig platziert ist. Es liegt zwischen den Vordersitzen, eingebaut in den gewaltigen Getriebetunnel. Die Hand fällt sozusagen darauf, und der glühende Anzünder findet mühelos von selbst zurück an seinen Platz, ohne dass man suchen müsste. Nachts ist das Aschenloch sogar illuminiert.

REISEN ERSTER KLASSE

Im Ford Thunderbird reist man eben erster Klasse. Man muss lediglich das große Lenkrad hin und wieder leicht bewegen. Der rechte Fuß bestimmt entspannt das Reisetempo. Die linke Hand bedient die silbernen Knöpfchen, die dieses oder jenes Fenster auf- und abschnurren lassen.

Wenn ein Hindernis auftaucht, dann legt man einen der beiden Füße sacht auf das breite Bremspedal. Es wäre völlig verkehrt, regelrecht zu bremsen. Ein richtiger Fußdruck auf dieses Pedal bewirkt, dass die vier Räder augenblicklich aufhören, sich zu drehen. Und, das kann dumm ausgehen.
Die Servolenkung arbeitet echt amerikanisch. Man kann den Thunderbird mit dem kleinen Finger auf dem Parkplatz herumrangieren. Aber leider kann man ihn nicht zugleich kleiner machen, um besser durch eine Haarnadelkurve schlüpfen oder sich in eine winzige Lücke zwängen zu können. Und das Lenkrad erzählt einem auch nicht, was die Straße sagt oder wohin der schwere Wagen in einer zu schnell gefahrenen Kurve zieht: Der Thunderbird-Fahrer soll das wahrscheinlich gar nicht wissen – es würde ihn nur belasten.
Er fährt, wo es ihm die Länge seines sperrigen Schiffs gebietet, majestätisch langsam. Und sowie er wieder freie Bahn sieht, drückt er ein klein wenig auf die Tube.

BEQUEM WIE EIN SOFA

Das Fahren im Thunderbird erschöpft sich eigentlich darin, dass man Platz nimmt. Den Rest besorg er dann allein. Den Thunderbird, bedient man nicht, er bedient seinen Fahrer. Und darum scheint er mir ein echter Traumwagen zu sein. Trotz allem aber passt der Ford Thunderbird nicht so recht in unser Land. Unser Land ist einfach zu klein für solch ein Auto.

Warnen muss ich Sie auch vor dem Cabriolet. Es hat nämlich weniger Kofferraum als ein VW. Unter der gewaltigen Heckklappe verbirgt sich das Cabrio-Verdeck samt dem dazugehörigen Mechanismus. Es passen lediglich noch zwei Bademäntel, zwei kleinere Taschen und ein Federballspiel hinein

– obwohl der Thunderbird stramme 5,20 Meter lang, 1,82 Meter breit und zwei Tonnen schwer ist. Da haben wir den Pferdefuß. Aber wir müssen ja nicht das Cabriolet nehmen, das Coupé ist schon Traum genug. Und das hat außer vier Plätzen für erwachsene Männer einen Kofferraum, in dem man ein halbes Ballett über die Grenze schmuggeln kann.

Die Leute, die hierzulande ein Thunderbird Cabriolet fahren, pflegen auf alle Fälle nebenher noch eine geräumige Limousine, einen station car und für die Teenager-Tochter einen Alfa Romeo Roadster zu besitzen.

So ist das halt mit den Traumwagen. Für den rauen Alltag benutzt man den Packesel aus Garage Nr. 2 oder das motorisierte Henkelkörbchen aus Box Nr. 3. Nur zum Angeben wird das gute Stück hervorgeholt. Oder die Tochter wird damit ausgerüstet, wenn alle anderen Versuche, sie an den Mann zu bringen, gescheitert sind.

HERZKLOPFEN IM FLIEGENFÄNGER

Natürlich kann man umgekehrt als besserer Herr damit auch angeln fahren. Sie wissen schon, wie ich das meine. Der Thunderbird ist dafür wie geschaffen. Es gibt nur wenige noch tollere Fliegenfänger.

Einer davon steht übrigens silbrig glänzend auf seinen schnellen Speichenrädern vor meiner Tür. Das heißt, ich vermute ihn da. Sehen kann ich ihn nämlich nicht; weil er von Menschen jeglichen Alters und beiderlei Geschlechts umlagert ist. Sie warten wohl darauf, dass ich ihn starte – und sie ahnen nicht, dass ich Herzklopfen habe bis obenhin. Denn im Prospekt steht, dass er zweihundertvierzig fahren kann.

Ein Herr mit einem Kneifer löst sich aus der Menge und geht kopfschüttelnd davon. »Es ist ein Skandal!« scheint er ausrufen zu wollen, aber er beherrscht sich doch.

Dabei hat er das Auto noch nicht einmal fahren sehen ...

Vorbei ist die Faulenzerei mit dem Thunderbird – ab morgen werde ich hart arbeiten müssen.

1962

KAPITEL 4

NSU SPIDER

KRANZLER
SAROTTI

NSU SPIDER:
FÜNFZIG PFERDE AUS DEM HUT

FRITZ B. BUSCH

Das erste Auto mit Wankel-Motor stand lange Zeit nur auf Ausstellungen herum, aber zeigte sich nicht auf der Straße. Jetzt bewegt es sich doch.

Früher begnügte man sich mit Kaninchen. Der Zauberer nahm einen Hut zur Hand, warf ein paar geheimnisvolle Worte hinein und entnahm ihm sodann zappelnde Kaninchen - eins, zwei, drei oder auch vier. Ich kannte einen, der brachte es auf ein Dutzend.
Aber Kaninchen sind kaum noch gefragt. Heute müssen es schon Pferde sein, genauer gesagt Pferdestärken, PS.
Seit den Urzeiten des Automobils holt man sie aus den Zylindern des Hubkolbenmotors. Zylinder sind glatte Röhren, in denen Kolben auf- und abwandern, wobei das Brennstoffgemisch angesaugt, verdichtet und zur Explosion gebracht diese Kolben immer wieder nach unten schleudert, von wo sie gleich darauf wieder hochkommen, verdichten und so fort. Dieses ewige Auf und Ab oder Hin und Her störte schon Legionen von Erfindern.

Sie fanden diese Art der Krafterzeugung zu umwegig. Aber sie fanden nichts Besseres. Sagen wir es mit einiger Vorsicht: Sie fanden nichts, das sich wirklich auf die Straße bringen ließ.

Zu dem vielen, was sie dennoch fanden, gehörten Kreiskolben Dampfmaschinen, die vor siebzig und hundert Jahren bereits liefen und die ungezählte Erfinderbrüste zum Schwellen brachten. Und dazu gehören jene Hunderte von Dreh- und Rotationskolbenmotoren, die in den letzten Jahrzehnten das teils nur trübe Licht von Waschküchen, Kellern und Hinterhofwerkstätten erblickten und deren Konstruktionszeichnungen die Patentämter zu überschwemmen drohten.

> **»UND HINTEN IST AUCH NICHTS, NUR EIN RAUM FÜR ETWAS WENIGER GEPÄCK. VOR ZEHN JAHREN WÄRE DAS GANZE NOCH EIN WUNDERVOLLER GAG GEWESEN.«**

Die Idee, den krafterzeugenden Kolben rotieren zu lassen, anstatt ihn auf und ab zu bewegen, ist nämlich uralt. Aber die Tatsache, dass eine Verbrennungsmaschine mit rotierendem Kolben läuft und läuft und läuft, monatelang, ohne kaputtzugehen, diese Tatsache ist sehr neu. Anfang des Jahres 1958 kam bei NSU der erste Kreiskolbenmotor auf den Prüfstand. Und er lief. Sucht man das entsprechende Ereignis in der Geschichte des herkömmlichen Hubkolbenmotors, so muss man bis 1876 zurückgehen. Damals begann der erste Viertakt-Gasmotor des Herrn Otto zu laufen. Die Hubkolbenmotoren in unseren Automobilen hatten von damals bis heute Zeit, 88 Jahre Zeit, zu reifen.

Der NSU-Wankel-Motor geht schon sechs Jahre nach dem ersten Prüfstandversuch voller Wagemut auf die Straße.

Das Auto, in dessen Gewand er das tut, heißt NSU-Wankel-Spider. Es ist ein Sport-Prinz mit Änderungen, ein kleiner Flitzer für 8600 Mark.

Wenn man ihn aufklappt, ist vorn nichts, nur ein Raum für Gepäck. Und hinten ist auch nichts, nur ein Raum für etwas weniger Gepäck. Vor zehn Jahren wäre das Ganze noch ein wundervoller Gag gewesen. Man hätte ganze Hundertschaften von Tankwarten damit auf den Arm nehmen können, und seinen Nachbarn auch. Aber inzwischen gibt es den VW 1500 mit vorn nichts, nur ein Raum für Gepäck, und hinten nichts für etwas weniger Gepäck, und man hat sich daran gewöhnt.

Die munteren NSU-Werber werden seelisch sehr gelitten haben, dass sie aus dem vorn nichts und hinten nichts gar nichts machen konnten, weil es schon den VW 1500 gibt. Was mich betrifft, so habe ich, als die allerersten Wankel-Sprüche unters Volk gerieten, zunächst an vorn überhaupt nichts und hinten erst recht nichts gedacht und mich sehr darüber gefreut. Ich glaubte voreilig an das Auto, das nur noch aus nutzbarem Raum besteht, und dabei sah ich einen kochtopfgroßen Motor unter dessen Rücksitz liegen. Aber so klein fiel der Spider-Motor dann doch nicht aus, und er ist wohl auch nicht ganz so wartungsfrei, dass man ihn ein Leben lang unter dem Rücksitz liegen lassen könnte, ohne sich nach seinem Befinden erkundigen zu müssen.

Ich hatte Unmögliches erwartet, aber ich wurde dennoch nicht enttäuscht. Sechs Jahre gegenüber mehr als achtzig Jahren haben es schwer. Der Kreiskolbenmotor vertritt sich gerade erst die Kinderschuhe, und für dieses Stadium macht er eine erstaunliche Figur. Er ist ein Wunderkind, das schon perfekt Klavier spielen kann – und wie!

Ich fuhr den ersten verkaufsreifen NSU-Wankel-Spider so, als wäre er irgendein Auto, eins, das viele Jahre gewachsen und gereift ist. Ich setzte mich rein und brauchte nicht umzudenken. Dieses Auto mit Kreiskolbenmotor ist ein revolutionäres Ding und dennoch ein Auto, wie du und ich es fahren.

Ich ließ den zweiten Gang bis 100 km/h stehen, den dritten bis 140 km/h und erreichte im vierten 155 km/h.

Bis 100 km/h brauchte das Auto nur 14 Sekunden, das ist ein schöner Beweis für Temperament. Ein Opel Kapitän braucht zwei Sekunden länger, und er

hat die gleiche Spitzengeschwindigkeit. Die Kammergröße beim Spider beträgt aber nur 500 ccm. Bei 155 km/h stand die Nadel des Drehzahlmessers auf 5600 Umdrehungen pro Minute. Das dürfte für einen Kreiskolbenmotor, bei dem sich nichts hektisch auf und ab und hin und her bewegen muss, eine Drehzahl sein, bei der er noch ein kleines Nickerchen macht und gähnend fragt, ob irgendetwas los sei. Der NSU-Wankel-Motor im Spider scheint nach dem Prinzip zu leben, dass Beschäftigung nicht in Arbeit ausarten darf. Und ich vermute, dass er es seiner Gesundheit zuliebe tut, denn zweifelsohne könnte er sich auch ein bisschen mehr anstrengen, mehr Pferde aus dem Hut holen und noch schlagkräftiger beweisen, dass er aus wenig Raum und Gewicht eine Menge Kraft zaubern kann. Aber weil er der erste ist, der in einem serienmäßigen Automobil auf die Straße gesetzt wird, muss er nicht nur jubeln, sondern auch halten, was man sich verspricht – sonst bringt er das ganze neue Prinzip in Misskredit und den Fortschritt zum Stolpern.

»ER HAT EIN EIGENES GERÄUSCH, DAS NICHT-LÄSTIG, SONDERN LUSTIG IST, MAN KANN ES SCHWER EINSTUFEN. VIELLEICHT LÄUFT ER SO LAUT ODER SO LEISE WIE EIN ZWEITAKTER MIT DREIEINHALB ZYLINDERN ODER EIN VIERTAKTER MIT VIER-DREIVIERTEL.«

Es soll eine Menge Leute geben, die nur darauf warten.

Seine 30 PS aus 500 ccm Kammergröße können sich sehen lassen. Sein Drehmomentwert, der mit 7,5 mkg bei 3000 U/min anfällt, kann es noch nicht. Unter 3000 Umdrehungen ist noch zu wenig los, woraus erhellt, dass man diesen Motor bei Laune halten muss. DKW-Fahrer werden wissen, was ich meine, und es schön finden.

Seinem Charakter nach ein Jubler, geriet dieser Motor nicht rein zufällig in einen sportlichen Zweisitzer. Dieser Spider ist für ihn als Lafette wie geschaffen. Er ist sein Prüfstein oder -stand fürs spätere Leben.

DAS UNMORALISCHE AM WANKEL-SPIDER

In sportlichen Zweisitzern blickt man gern auf den Drehzahlmesser, und im NSU-Wankel-Spider hat man die Zahl 3000 im Auge, weil unter ihr das Herz des Motors in-den Keller rutscht. Dafür braucht man die Zahl 6000 als angebliche Spitzendrehzahl weniger zu respektieren. Man dreht den Zeiger bis weit ins Nichts hinauf. Sicher sind es dann 7000

Umdrehungen, aber den Motor bringt man dabei nicht um.

Dass er so leise sei wie ein Sechszylinder, haben die NSU-Leute offenbar voreilig vermutet. Aber ich fahre häufig Sechszylinder.

Er hat ein eigenes Geräusch, das nicht lästig, sondern lustig ist, man kann es schwer einstufen. Vielleicht läuft er so laut oder so leise wie ein Zweitakter mit dreieinhalb Zylindern oder ein Viertakter mit vierdreiviertel. Irgendwo dazwischen dürfte die Wahrheit liegen. Auf jeden Fall wird er leiser, je höher er dreht, nicht nur wenn er seinem eigenen Geräusch mit affenartiger Geschwindigkeit entflieht, sondern auch im Leerlauf. Das willige Hochdrehen, das flotte Wandern der Nadel des Drehzahlmessers, das der Bewegung des Gaspedals auf den Fersen folgt, macht Spaß. Nimmt man dann im Leerlauf, bei stehendem Wagen, das Gas wieder weg und lässt die Nadel sinken, gerät

der Motor im Sinkbereich zwischen 2000 und 1000 Umdrehungen in eine Schüttelzone, die verliebte Pärchen, am Waldrand parkend, als äußerst amüsant empfinden dürften. Aber man will dem Spider diese unmoralische Bewegung durch eine weichere Motorenaufhängung noch abgewöhnen.

Dennoch hat dieses Auto Sex. Es ist ein Spielzeug für autovernarrte Männer wie Frauen, gutaussehend, temperamentvoll, heiter und willig. An der Straßenlage, wie auch am Bremsverhalten, ist nichts auszusetzen. Das Fahrwerk ist anpassungsfähig und kurvenfreudig, in keiner Weise bockig oder tückisch, sondern überraschend neutral, gutmütig und sicher. Die Sitzposition ist gut, sie erlaubt das Fahren mit »langem Arm«, und das Lenkrad sieht nur von außen her so aus, als stünde es zu horizontal. Drinsitzend hat man es wirklich gut im Griff. Auch im offenen Wagen geht einem bei 140 km/h nicht der Hut hoch. Man sitzt tief und sehr geschützt hinter der stark gewölbten Frontscheibe.

Doch das Auto interessiert hier weniger. Es tritt hinter dem Motor zurück, der ihm seinen Stempel aufdrückt. Er produziert von 3000 Umdrehungen an bis obenhin mit nicht erlahmendem Eifer Kraft und lässt den Wagen auch dann noch schneller werden, wenn das herkömmliche Kraftfahrerohr meint, jetzt müsse eigentlich der PS-Gipfel erreicht sein und die Leistung abfallen. Überholvorgänge mit durchgetretenem Gaspedal sind aus diesem Grunde recht vergnüglich, sofern man schaltfreudig genug ist und den Motor jubeln lässt. Dieser Leistung im oberen Drehzahlbereich steht der Leistungsabfall im Drehzahlbereich unter 3000 gegenüber. Aber aus dem einen Plus und dem anderen Minuspunkt lässt sich leicht ein Plus errechnen, wenn man bedenkt, dass hier eine neuartige Kraftquelle für Automobile geschaffen wurde, die leicht, kompakt und unkompliziert ist. Das ist ein Erfolg!

Und bei diesem einen wird es nicht bleiben, denn in den USA, in Japan, England, Italien, Frankreich und Deutschland

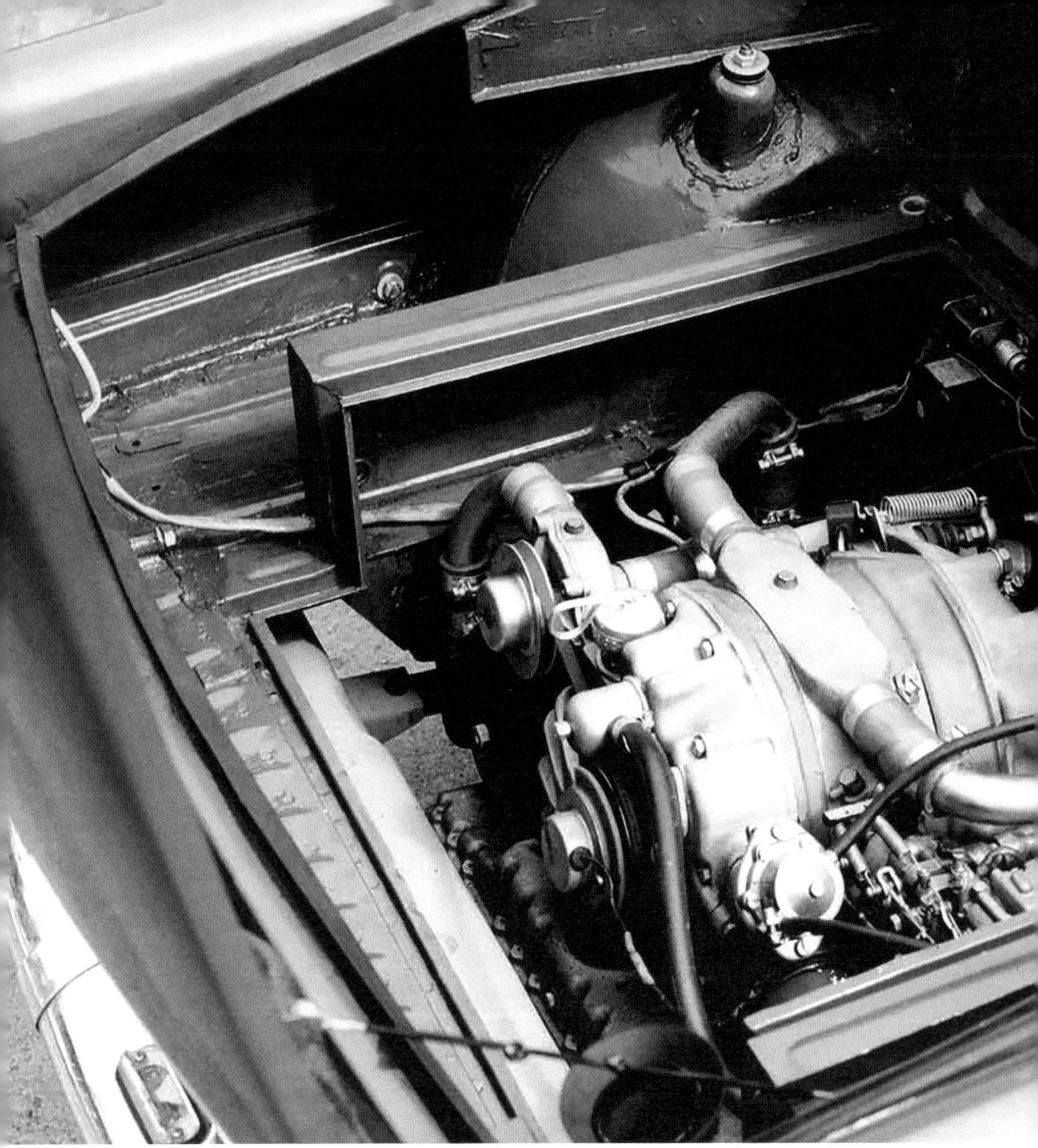

sind prominente Lizenznehmer dabei, auf ihre Weise das NSU-Wankel-Prinzip weiter zu vervollkommnen.
Wie weit sie schon gekommen sind, erfahren wir nur selten. Nur eine hübsche Geschichte gibt es von Daimler-Benz, wo auf einem Prüfstand ein Wankelmotor mit Einspritzpumpe neben

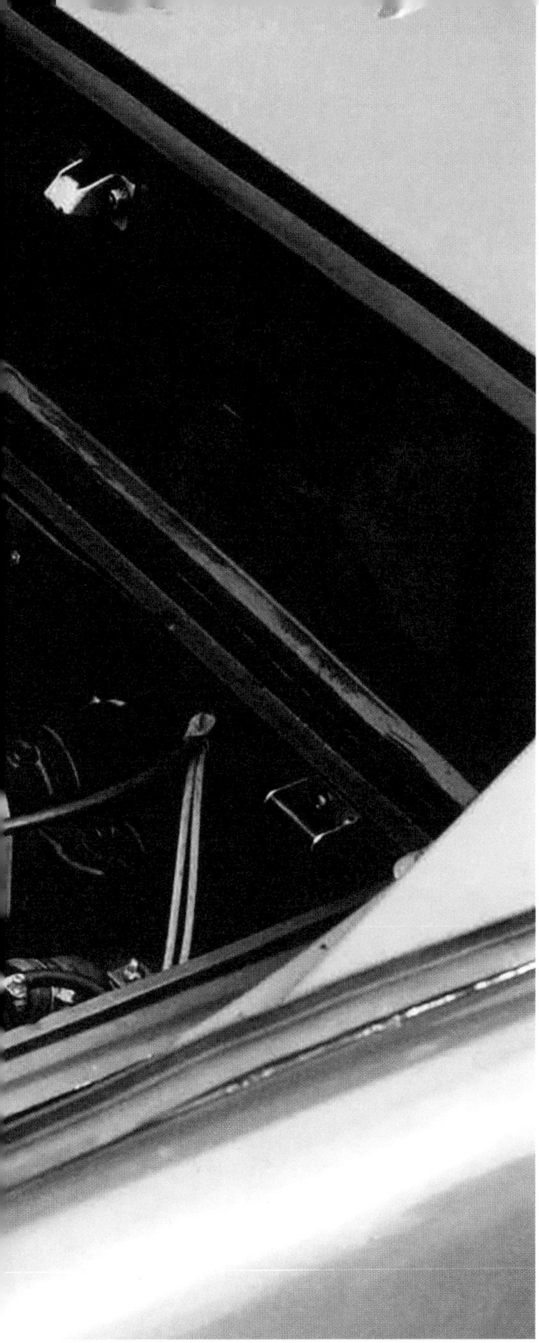

»NUN LASSEN SIE DEN WANKEL DOCH MAL LAUFEN!« DIE POINTE DER GESCHICHTE IST DIE ANTWORT DER VERSUCHSINGENIEURE: »ABER ER LÄUFT DOCH BEREITS.«

einem 300 SE-Motor installiert ist. Ausgesuchte Besucher dürfen das ungleiche Paar hin und wieder besichtigen, und dabei soll es nicht selten vorkommen, dass einer der Gäste bittet: »Nun lassen Sie den Wankel doch mal laufen!«
Die Pointe der Geschichte ist die Antwort der Versuchsingenieure: »Aber er läuft doch bereits.«

DARF'S 'NE SCHEIBE MEHR SEIN?

Vergrößern lässt sich der Kreiskolbenmotor nicht nur durch eine Erweiterung des Kammervolumens, sondern vor allem durch Aneinanderfügen von zwei, drei oder noch mehr Wankelscheiben, so dass man zu mehrzylindrigen Kreiskolbenmotoren kommt, die dann ein noch günstigeres Verhältnis zwischen Größe und Gewicht auf der einen und Leistung auf der anderen Seite haben werden. Dann könnte es Motoren geben, die bei weniger als den halben Einbaumaßen eines Hubkolbenmotors das Doppelte eines solchen leisten.

Das Auto von morgen, sofern man darunter nicht eine Rakete auf Rädern versteht, wie man sie uns in den Traumfabriken von Detroit weismachen möchte, wird auf ein raumsparendes Triebwerk besonders angewiesen sein. Denn das Auto von morgen darf keinen Raum verschenken.

Bei NSU weiß man, dass der Kreiskolbenmotor erst dann seine Vorzüge ausspielen kann, wenn man um ihn herum ein ganz neues Auto baut. Ein Auto, das es ihm nicht erlaubt, den halben Kofferraum mit Beschlag zu belegen, ein Auto, das ihn irgendwo versteckt hält, wo sich sonst nichts Gescheiteres unterbringen ließe. Der Kreiskolbenmotor verführt dazu, ein solches Auto zu entwickeln, und das sollte man ihm hoch anrechnen. Denn die Autos, mit denen wir heute versuchen, dem Verkehrschaos zu Leibe zu rücken, sind dafür ebenso ungeeignet wie ein Colt zur Mottenbekämpfung. Der Kreiskolbenmotor ist ein Lichtschimmer - und NSU hat ihn angezündet.

Felix Wankel hat das Wachs erfunden und den Docht. NSU hat daraus eine Kerze gemacht, die brennt. Und bei NSU und in den Werken der Lizenznehmer ist man dabei, aus der Kerze eine Glühbirne zu machen. Es sind erst sechs Jahre vergangen, und Sie können bereits in den Laden gehen und sich ein Auto mit Kreiskolbenmotor kaufen. Was meinen Sie, was in den nächsten sechs Jahren geschehen wird?

KAPITEL 5

MERCEDES 200 D

S-VN 865

DIESEL MUSS MAN LIEBEN - ODER LEIDEN: B. BUSCH FUHR DEN MERCEDES 200 D MIT AUTOMATIK

Wenn man über den Mercedes Diesel-PKW schreibt, begibt man sich aufs Eis. Zumal dann, wenn man gewillt ist, nüchtern zu urteilen, ohne Rücksicht auf liebgewordene Legenden. Es ist ein ähnlich unpopuläres Geschäft, wie dem VW Dinge anzukreiden, die nicht im Herzen des VW-Fahrers geschrieben stehen.

Denn auch das Diesel-Fahren ist mehr eine Weltanschauung. Es ist ein Irrtum, den man zu korrigieren vergaß. Damals, als es aufkam, zahlte man für den Liter Dieselkraftstoff 25 Pfennig, bekam aber trotzdem noch einen Zollerlaubnisschein und konnte, auch als Privatfahrer, den Saft für 19 Pfennig einkaufen. Benzin dagegen kostete seinerzeit 40 Pfennig. Heute zahlt man an der Tankstelle 52 Pfennig für Dieseltreibstoff. Aus dem Heizöltank wird es zwar billiger, aber auch schwieriger, und außerdem ist es verboten.

In den dreißiger Jahren war der Staat an der Entwicklung des Personenwagen-Diesels lebhaft interessiert, denn Rohöl gab er gern, aber Benzin behielt er lieber für sich.

Hanomag entwickelte 1937 den 1,9-Liter-Rekord-Diesel. Er war 32 PS stark und machte die Limousine 76 km/h schnell. Aber damals fuhr auch so mancher Benziner nicht mehr als 80 oder 85 km/h.

Und auf Temperament kam es bei der Dünne des Verkehrsbreies überhaupt nicht an. Mercedes entwickelte einen sechssitzigen Diesel-PKW mit 2,6-Liter-Motor. Er avancierte zur beliebten Taxe. Mit seinen 45 PS aus viel Hubraum lief er 100 km/h. Die beiden Edel-Traktoren fuhren für 1,60 und 2,– Reichsmark hundert Kilometer weit. Sie machten es so billig wie ein Motorrad.

Außerdem versprach ein Diesel-PKW, besonders krisenfest zu sein. Die Benzin-Bewirtschaftung hing über den Leuten wie das Schwert am Zwirnsfaden.

Das war die Zeit, als Diesel-Fahren einen richtigen Sinn hatte. Daimler Benz, dadurch angespornt, leistete Großes in der Entwicklung des Personenwagen-Diesels. So gibt es heute auf der ganzen Welt keine kultivierteren Personenwagen-Dieselmotoren als die aus Stuttgart. Und es gibt keinen kultivierteren Personenwagen mit Dieselmotor. Denn dieser sitzt; so lässt es sich formulieren, unerschrocken in einem Beinahe-220er. Das ist ein stolzer Platz für eine Maschine, die nicht mehr als nur 55 Pferde an die Ein-Gelenk-Pendelachse zu werfen hat.

Im »200 D« ist der Motor nicht stärker, sondern ein wenig leiser geworden als im 190 D. Womit ich nicht sagen will, dass er nun leise ist. Aber viele Leute mögen das Robuste, und einem Diesel hört man es an. Andere Motoren verschweigen es diskret, leisten mehr und halten nicht minder lange. Auch die Benziner aus dem gleichen Stall brauchen sich vor den Laufzeiten ihres Diesel-Bruders nicht zu verstecken.

Die Geräuschminderung des renovierten »200 D«-Motors schreibt man nicht zuletzt dem fünften Lager zu, das der Kurbelwelle bewilligt wurde. Dass sie bisher nur viermal gelagert war, wird damit auch dem technisch weniger versierten Prospektleser offenbar.

Dem 55-PS-Motor möchte man gern wieder jene sagenhaften Laufzeiten ankonstruieren, die zu Zeiten des »170 D« und »180 D« wie Bänkelgesang durchs Volk raunten. Der Motor überlebte damals alles, die Karosserie, das Fahrwerk, zehn Reifengarnituren und manchmal auch den Besitzer. Man hätte da eher eine Austausch-Karosserie als einen Austauschmotor nötig gehabt. Halb durchgerostete Exemplare liefen immer noch.

Aber diese Zählebigkeit sank mit der Leistungserhöhung.

Ich meine, wir sollten nichts dagegen haben, 300.000 Kilometer alte Autos sind nicht gerade das, was den Verkehrsfluss und die Verkehrssicherheit auf unseren Straßen heben kann.

»SO GIBT ES HEUTE AUF DER GANZEN WELT KEINE KULTIVIERTEREN PERSONENWAGEN-DIESELMOTOREN ALS DIE AUS STUTTGART. UND ES GIBT KEINEN KULTIVIERTEREN PERSONENWAGEN MIT DIESELMOTOR.«

Und wer, außer den Taxi-Unternehmern, möchte schon so lange auf demselben Bock herumreiten? Der Zahn der Zeit, mag er auch den Motor verschonen, findet immer etwas zum Nagen. Und so sehen solche Autos dann auch aus.

Es ist jene Periode ihres Daseins, in der sie endlich so billig fahren, wie man es sich schon immer vorgelogen hatte. In den Genuss dieses Vorzuges geraten die Zweit-und Drittkäufer. Der Erstkäufer, so betucht, weit über 10.000 Mark für sein Auto auszugeben, hat dann längst das neue Modell erstanden, weil er sich mit dem alten nicht mehr sehen lassen mochte.

Man muss, um Diesel-Fahren richtig schön zu finden, entweder ein messerscharfer Rechner oder eben ein geborener Diesel-Fahrer sein. Was mich betrifft – ich bin mit diesen Erbfaktoren nicht behaftet.

Es beginnt damit, dass man frühmorgens mit dem Startvorgang ganze

Häuserblocks voller ahnungsloser Menschen aus dem Schlaf reißt. Ein kalt startender Diesel klingt, auch mit einer Welle auf fünf Lagern, wie ein Zentner Eierbriketts, den jemand auf ein Blechdach schüttet. Die Leute, die eigentlich durchschlafen wollten, geben daraufhin dem Auto Namen, die mit seinem Gestehungspreis nicht mehr ganz in Einklang zu bringen sind. Menschenfreundliche Besitzer, die an einem Berg oder schwachen Gefälle wohnen, sollten ihren Diesel frühmorgens erst mal außer Hörweite rollen lassen, bevor sie ihn anheizen.
Sie dürfen so dann nicht allzu viel fahrerischen Ehrgeiz entwickeln, denn schon ein Kadett mit Super-Motor, nur halb so teuer, läuft ihnen auf dem Wege von 0 auf 100 km/h so auf und davon, dass er um zehn Sekunden früher da ist.
Sie und ich, wir haben schon mal in sehr »spritzigen« Diesel-Taxen gesessen, ich gebe es zu. Aber das hängt vor allem damit zusammen, dass der Taxifahrer das Gaspedal auch dann noch am Boden lässt, wenn wir längst auf der Bremse stehen würden.
Es gibt keine »wunderbeschleunigenden« Diesel-PKW. Man liest das ganz nüchtern an den Daten und Messwerten ab. Die 55 Pferde haben nämlich ein Auto zu bewegen, das alles andere als leicht ist. Es wiegt ohne Insassen schon 1325 kg. Dem etwas leichteren Benzin-Typ »200« mit gleichem Hubraum, aber Vergaserbetrieb, stehen 95 PS zur Verfügung. Er kostet 500 Mark weniger und verbraucht etwa drei Liter Kraftstoff auf 100 km mehr, allerdings Benzin, und

MERCEDES BENZ
190-D DIESEL
BY
CROSS COUNTRY
"BILL" CARROLL
ECONOMY RUN

zwar Super. In dieser Differenz liegt die Würze beim Diesel-Fahren. So, wie Touristenklasse billiger ist als Erste Klasse. Dem Erste-Klasse-Fahren steht beim Diesel doch einiges Unerquickliche gegenüber. Auch, wer nicht rasen, sondern zügig vorwärts kommen möchte, wird dies empfinden. Denn es geht manchmal bergauf, es werden Überholvorgänge nötig, und man hat auch mal Kind und Kegel an Bord. Dann haben die 55 Pferde 1,8 Tonnen zu bewegen.

Hinzu kommt, dass heutzutage das Heil des Verkehrsteilnehmers oft in der »Flucht nach vorn« liegt. Man kann heiklen Situationen nicht ausschließlich durch eifriges Bremsen entweichen. Man muss sie häufig durch einen beherzten Tritt aufs Gaspedal entschärfen. Wenn dann so gut wie nichts »kommt«, ist es meistens unangenehm.

Eine freie, ebene Autobahn ist das feinste, was einem »200 D« passieren kann. Er kommt dann in Schwung und marschiert so lange mit ungebrochenen 130 Sachen vor sich hin, wie kein Hindernis auftaucht. An diesem raschen »Rollenkönnen« messen stolze Dieselbesitzer gern die Lebendigkeit ihres Wagens. So, wie man vor Jahren die Spitzengeschwindigkeiten unserer Kleinwagen meist bei Rückenwind auf Gefällstrecken

ermittelte, um sie dann am Stammtisch in Umlauf setzen zu können.

Die zurückhaltende Kraft dieses Motors harmoniert keinesfalls mit dem schweren, geräumigen, äußerlich nicht kleinen Gehäuse, einer Karosserie, in die man auch Sechszylinder-Motoren hineinsetzt. Möglicherweise harmoniert sie mit dem Temperament ihres Besitzers, aber das glaube ich weniger. Denn ich treffe fortgesetzt auf Diesel-Pkw, deren Fahrer sich krampfhaft bemühen, schnell zu sein. Sie sind von dem Ehrgeiz besessen, jedermann zu beweisen, dass ihr Auto gar nicht so müde ist, wie man behauptet. Ich vermute, dass ein solches Fahren nicht gerade sehr nervenschonend ist.

Und neuerdings weiß ich es sogar genau. Ursprünglich wollte ich innerlich ganz auf Diesel umschalten. Ich wollte reisen und schauen, mich nicht hetzen lassen und nach dem alten Sinnspruch fahren »Kommt Zeit, kommt Rat«. Und weil es ein Diesel mit Getriebeautomatik war, erhoffte ich mir eine Zeit des geruhsamen Fahrgenusses. Auf den Allgäu-Wiesen grasten glückliche Kühe, das Laub fiel goldrot aus den Bäumen, und die gepflegten Asphaltstraßen wanden sich kurvenreich über Buckel und Berge, durch Senken und Täler. Ein Land, voll von Diesel-PKW, ein Land, in dem billiger

»WENN ES BERGAB GING, LIESS ICH DEN DIESEL LAUFEN. DAS MERCEDES-FAHRWERK FREUTE SICH DARÜBER. ES IST DREIMAL SCHNELLER ALS DER MOTOR.«

Traktorentreibstoff fließt.
Ich stellte die Automatik auf Fahrstellung und gab Gas. Aber es geschah redlich wenig. Erst, als ich den Fuß hart aufs Bodenbrett legte, galoppierte das Auto geräuschvoll los. Dem zornigen Brummen nach zu urteilen musste es sehr schnell sein. Aber der Tacho bewies das Gegenteil.
Man muss eben drauftreten bei diesem Auto. Immer nur drauftreten. Die Getriebeautomatik macht dann zwar muntere Sätze, aber man kommt voran. Will man weich beschleunigen, ist es zwar weich, aber von Beschleunigen kann keine Rede sein. Ich gewöhnte mir schließlich an, die Getriebeautomatik mit dem Wählhebel ständig zu überlisten.
Ich tat so, als wäre er ein normaler Schalthebel. Ich schrieb dem Auto die Gänge vor und nahm sie nicht so, wie sie kamen. Das brachte mich voran.
Wenn es bergab ging, ließ ich den Diesel laufen. Das Mercedes-Fahrwerk freute sich darüber. Es ist dreimal schneller als der Motor. Nur in den engen Kurven erfordert es hohe Lenkkräfte. Da drückt der schwere Dieselmotor auf die Vorderräder, und man muss arbeiten wie bei einem Mähdrescher. Diese Lenkung behagt mir nicht. Sie ist mir zu rustikal. Ich will doch nicht wirklich einen veredelten Traktor fahren, mittendrin im zwanzigsten Jahrhundert und für so 'ne Menge Geld!
Um den Motor immer wieder wachzurütteln, musste ich fleißig sein, »Kickdown« machen mit dem Gaspedal oder am Wählhebel spielen. Gewiss, ich wollte eigentlich bummeln. Aber da waren die Steigungen, die Hindernisse, die es zu überholen galt. Und wenn ich das Auto nicht hart hernahm, dann fuhr es sich wie ein anderes mit angezogener Handbremse. Ich bin kein Diesel-Typ. Ich weiß es jetzt genau. Dafür ist mein Fell zu dünn, dafür bin ich noch nicht schwerhörig und noch nicht alt genug.
Und ich verzichte lieber auf etwas anderes und zahle die drei Mark pro hundert Kilometer mehr. Kraftreserve bedeutet mir Sicherheit, und außerdem ist sie nervenschonend, sofern man Nerven hat.
Im Gegensatz zu einem alteingenisteten Volksglauben weiß ich, dass langsame Autos nicht beruhigen, sondern aufregen, weil man sie ständig in Trab bringen und in Trab halten muss. Und weil man jede Steigung registriert und jeden notwendigen Überholvorgang. Man leidet mit dem Motor, es ist das Schlimmste, was es gibt.

Falls Sie einen Wohnwagen ziehen möchten, dann hören Sie nicht auf das Geschwätz derer, die Krach mit Kraft verwechseln und den Diesel für einen geeigneten Zugwagen halten. Kraft misst man nicht mit dem Ohr, sondern man liest sie am Drehmomentwert ab. Der ist nicht hoch beim Diesel, aber hoch genug beim »200« ohne D. Der ist ein Zugwagen.

Wenn Sie durchaus zwölftausendsiebenhundert Mark für 55 PS ausgeben wollen (so viel kostet der »200 D« mit Automatik), dann nehmen Sie ihn doch ohne Automatik, aber mit Servolenkung, Schiebedach und Radio. Dann kommen Sie auf den gleichen Preis und haben mehr davon. Ohne Servolenkung würde ich ihn überhaupt nicht kaufen. Natürlich hat, wer vom Traktor kommt, da einen anderen Maßstab. Aber das ist kein Kriterium für den modernen Automobilbau.

Das Auto an sich ist ein feines, denn es ist ein Mercedes. Wenn Sie die Türen ins Schloss fallen lassen, dann macht es »wuff« und nicht »päng«. Darüber freuen sich die Leute mehr als über eine Sicherheitslenksäule, die der Mercedes auch hat. Sie haben viel im sich herum, auch bei Daimler-Benz hat man ausprobiert, dass das die Unfallfolgen mildert. Es zerknittert viel Blech, bevor Sie dran sind. Freilich ist das Auto riesengroß, was unnötig groß. Bei Daimler Benz fehlt eben doch, was die Karosserie angeht, die bewusste »Nummer kleiner«. Aber dazu ist es nun zu spät, denn das Publikum hat auf breitester Front zu verstehen gegeben, dass es Größe schätzt.

MERCEDES 200 D – STECKBRIEF

LEICHT BEDIENBAR?

Nicht gerade: Die Lenkung ist ziemlich schwergängig, das Rangieren macht Mühe. Die Automatik empfindet man in diesem Auto nicht als Bedienungserleichterung, höchstens durch den Wegfall des Kupplungspedals. Aber dieser Vorzug wär mit 1400 Mark zu hoch bezahlt. Man muss, um zügig voranzukommen, entweder häufig »Kickdown« machen (volles Durchtreten des Gaspedals, was mit zornigem Motorlärm verbunden ist) oder den Wählhebel als Schalthebel benutzen.

WENDIG?

Der Wendekreis ist mit 11,4 m für die Größe des Wagens erträglich, aber nur mit einer Servolenkung kann der Wagen als wendig angesprochen werden.

BEQUEM?

Vom Sitz- und Raumkomfort her – ja! Der Geräuschpegel ist für einen Wagen dieser Preisklasse zu hoch und trägt, vor allem im Nahverkehr mit vielen Stopp- und Startvorgängen, nicht zum angenehmen Vorwärtskommen bei. Diese Konzession muss man eben an den Dieselmotor machen.

FAHRSICHER?

Vom Fahrwerk her – ja! Zur Fahrsicherheit gehört allerdings auch Kraftreserve. Die fehlt dem Diesel in zahlreichen Verkehrssituationen.

SPARSAM?

Für die Größe des Wagens und den gebotenen Sitz- und Raumkomfort – ja! Wer will, kommt mit 7 Liter auf 100 km aus. Er muss aber Zeit haben und freie Straßen vorfinden. Das Mithalten im Verkehr kostet mindestens 9 Liter auf 100 km. Wesentlich temperamentvollere, aber räumlich etwas kleinere Autos machen's auch für 9 Liter, allerdings Benzin statt Diesel. Im Verbrauch ist der Diesel sparsam, in der Anschaffung teuer. Die Mercedes-Werkstätten zählen auch nicht zu den billigsten.

EMPFINDLICH?

Viele Diesel halten lange ohne Störungen. Es gibt aber Dieselbesitzer, die Kummer hatten. Normalerweise sollte man mindestens 100.000 km ohne Motorstörungen zurücklegen können. 160.000 bis 180.000 km sind an Lebensdauer immer noch drin. Taxifahrer wissen es am besten. Man sollte sich ihre Erfahrungen anhören, wenn man einen Diesel kaufen möchte.

SCHNELL?

Auf der Autobahn können 130 km/h als Dauergeschwindigkeit gehalten werden. Steigungen und nötige Überholvorgänge usw. drücken sofort aufs Tempo. Dennoch ist er als Fernreisewagen nicht langsam, solange er in Schwung bleiben kann.

DER GUTE TIPP:

Unbedingt mit Servolenkung kaufen! Wunsch ans Werk: Den Diesel-Freunden durch Hubraumerhöhung mehr PS bieten!

KAPITEL 6

MASERATI 3500 GT

DAS SOUVENIR DER CLEOPATRA: B. BUSCH FUHR DEN MASERATI 3500 GTI

Dieser Sportwagen – er kostet ebenso viel wie acht bis neun Volkswagen – ist mehr als ein Auto. Er ist ein Erlebnis, das man mit beschleunigtem Puls und glänzenden Augen genießt. Kenner lassen seinen Namen auf der Zunge zergehen. Er klingt wie Musik: Ma-se-ra-ti. Was B. Busch in diesem Wagen erlebte, als er durch enge Straßen kleiner italienischer Bergdörfer und über die Autostrada del Sole, die Sonnenautobahn, donnerte, erfahren Sie in dieser Folge der Traumwagenserie des STERN.

Als Liz Taylor im Gewande der Cleopatra (möglicherweise trug sie sogar gerade etwas noch Durchsichtigeres) darüber nachsann, was sie als Souvenir aus Italien mit nach Hause nehmen könnte, schickte sie Eddie Fisher nach Modena – einen Maserati zu kaufen. Ob sie ihn dann, zerstreut, wie solche Damen nun einmal sind, irgendwo in Rom stehenließ, ist nicht bekannt.

In Saint-Tropez pflegt man einen Maserati in Blue Jeans und mit nacktem Oberkörper zu fahren – natürlich nicht die Damen.

Der Schah von Persien fährt einen, der König von Marokko, Uhren-Discounter Weiss, Karim Aga Khan – und im Augenblick auch ich.

Ich füttere ihn gerade mit dem endlosen Band der Autostrada del Sole. Bei hundertachtzig beginnt der Fahrtwind zu knallen. Bei zweihundert vibriert mein Mantelkragen so heftig, dass er fast schon wieder stillsteht und es nicht mehr schafft, mir Ohrfeigen zu versetzen. Die Nadel des Drehzahlmessers steht auf 4300 und der Schalthebel steckt im Fünften. Es ist wie fliegen! Das Lenkrad steht steil. Die Daumen hängen in den Speichen und die anderen Finger haben dabei genau den richtigen Griff. Man sitzt weit genug vom Lenkrad weg, und die Pedale liegen goldrichtig, zumal der Absatz bleiben kann, wo er ist, wenn man vom Gas auf die Bremse muss. Der Körper hat festen Schluss zum Wagen. Das ist nicht irgendein Sitz, das ist ein Fahrersitz! Rund 200 PS verlange ich dem Motor ab, und 235 sind drin, genauso viel wie km/h Spitze. Die Höchstleistung fällt bei nur 5500 Umdrehungen an. Bei 200 km/h dreht der 3,5-Liter-Motor noch in einem gesunden und schonenden Bereich. Als wollte er hundert Jahre alt werden. Allah segne die großen Hubräume!

Wer wird diesen Wagen je so schnell fahren? Der Schah, der König, der Präsident – oder gar die Liz?

Er liegt ruhig und satt, aber man muss ihn fest im Griff haben. Die Lenkung ist sehr direkt, so dass der Wagen sofort reagiert, wenn sie einen gewollten oder ungewollten Befehl vernimmt. Und bei 200 km/h können ungewollte Befehle dumm ausgehen. Bei weit weniger Fahrt oder gar beim Rangieren ist die Lenkung

"The biggest thing that has happened in the realm of movies in many a year!"
—Bosley Crowther. N.Y. Times
20th Century-Fox presents
ELIZABETH TAYLOR
RICHARD BURTON / REX HARRISON
as "MARK ANTONY"
as "JULIUS CAESAR"
in JOSEPH L. MANKIEWICZ'
CLEOPATRA
ALSO STARRING PAMELA BROWN / GEORGE COLE / HUME CRONYN
CESARE DANOVA / KENNETH HAIGH / RODDY McDOWALL
PRODUCED BY WALTER WANGER / DIRECTED BY JOSEPH L. MANKIEWICZ / SCREENPLAY BY JOSEPH L. MANKIEWICZ, RANALD MacDOUGALL AND SIDNEY BUCHMAN / MUSIC BY ALEX NORTH / COLOR BY DE LUXE

schwergängig. Dieses Auto will gefahren werden, es fährt einen nicht.

Und doch ist es gutmütig wie ein Elefant. Ich gehe im Fünften runter bis auf 55 km/h und beschleunige ruckfrei wieder hoch. Erst bei nur 1000 Umdrehungen im größten Gang – 40 km/h lese ich dabei ab – gerät er beim Hochziehen ein klein wenig ins Stolpern. Diese Elastizität ermöglicht gelassenes Stadtfahren im vierten und dritten Gang – überzüchtet ist dieser Motor nicht. Die Einspritzpumpe (an Stelle eines Vergasersystems) ist an diesem vorbildlichen Verhalten nicht ganz unbeteiligt. Der Maserati 3500 GT ist ein großes, starkes, gutmütiges Tier. Beileibe kein Protz! Er ist nicht einmal »eine Schau«, wenn man davon absieht, dass der Name für Kenner wie Musik klingt: Ma-se-ra-ti.

Wo dieses Wort auch fällt, sei es in irgendeiner Autowerkstatt oder an Deck einer Luxusjacht im Hafen von Monte Carlo, da verstummt jedes andere Gespräch, und die anwesenden Männer bekommen den Gesichtsausdruck aufmerksamer Osterhasen.

ES BEGANN VOR VIERZIG JAHREN

Generationen von Rennfahrern haben mitgeholfen, dem Namen Maserati jenes Fluidum zu schaffen, das eine Automarke braucht, um mit Brillantkolliers und Hollywood-Mädchen konkurrieren zu können. Tazio Nuvolari, Nino Farina, Luigi Villoresi und die Brüder Maserati selbst haben vor Jahrzehnten begonnen, für den 3500 GT von heute Reklame zu fahren. Und später haben Paul Pietsch, Alberto Ascari, Juan Manuel Fangio, Jean Bebra und Stirling Moss die Fahne mit dem Dreizack des Wassergottes Neptun hochgehalten. Als die Brüder Alfieri und Ernesto Maserati im Jahre 1926 auf einem selbstgebauten Rennwagen starteten, taten sie es im Grunde bereits für Omar Orsi, dem heute das Werk gehört. 1939 und 1940 gewannen – und seitdem nicht wieder – europäische Wagen die mörderische Kreisfahrt von Indianapolis. Es waren Maseratis. Und 1957 fuhr Juan Manuel Fangio auf Maserati die Weltmeisterschaft nach Hause.

Heute bauen sie in Modena die käuflichen Maseratis noch immer so wie früher die Rennwagen. Sie fangen bei der kleinsten Schraube an, alles selber zu machen, und wenn sie Bohrer und Schraubenschlüssel aus der Hand legen, dann steht ein Auto da, bei dessen Anblick man Herzklopfen bekommt. Allerdings ist es splitternackt, denn es gibt keinen Maserati im Konfektionsanzug. Die Karosserien werden von den Firmen Touring und Vignale maßgeschneidert. Aber gerade der nackte Maserati betört den Auto-Fan.

»ABER GERADE DER NACKTE MASERATI BETÖRT DEN AUTO-FAN. ANGEZOGEN SIEHT ER EIN WENIG BIEDER AUS; MAN AHNT KAUM ETWAS VON SEINEM SPORTLICHEN KÖRPERBAU UND SEINER KRÄFTIGEN MUSKULATUR.«

Angezogen sieht er ein wenig bieder aus; man ahnt kaum etwas von seinem sportlichen Körperbau und seiner kräftigen Muskulatur. Erst beim Fahren merkt man, was drinsteckt.

Ein Tabellenvergleich, etwa mit dem Jaguar E, dem Mercedes 230 SL oder dem Chevrolet Sting Ray, fiele nicht sehr günstig für den Maserati aus. Er ist ganz erheblich teurer, ohne zahlenmäßig mehr zu bieten. Ein Sting Ray macht mehr her, ein 230 SL fährt geschmeidiger, ein Jaguar E ist für etwas mehr als das halbe Geld kaum langsamer – aber ein Maserati ist ein Maserati. Ich würde ihn mit verbundenen Augen wiedererkennen. Daran, wie er sich anhört, wie

ACQUA
BENZINA

er sich fährt, wie er durch die engen Kurven geht, wie man in ihm sitzt. Zugegeben: alles Dinge, die man teuer bezahlen muss, und die ein nüchterner Verstand nicht gelten lässt.

WOVON ITALIENER TRÄUMEN

»Mein« Maserati steht vor der Tür des kleinen Hotels in Modena. Ich habe das von Vignale karossierte Cabriolet gewählt. Es ist zwei- bis dreisitzig, silbergrau und rot ausgeschlagen. Ab und zu tritt ein Italiener an den Wagen, legt die Hand auf sein sonnenheißes Blech und schließt für einen Augenblick die Augen. Ob es etwas zu bedeuten hat, wenn man einen Maserati anfasst? Ob man sich dabei etwas wünschen darf? Oder ist es nur Freude, Verehrung und Träumen?

Mir scheint, als ob die Deutschen unentwegt von einem Fertighaus träumen und die Italiener von einem Maserati. Wozu ein Haus? Zum Schlafen genügt ein Zimmer, die Spaghetti isst man in der Küche, und gelebt – ja, gelebt wird auf der Straße. Und die muss nach Benzin und heißem Gummi riechen, und sie muss widerhallen von Motorengeräusch.

Ein ganz besonderer Lärm erfüllt die Gegend von Modena: der von Maseratis und Ferraris. Denn hier sind die beiden Sportwagenfirmen ansässig, deren Namen in der großen Welt einen Klang haben wie etwa die deutschen Marken Leica und Rolleiflex: In den Bergen hinter Maranello werden die berühmten Wagen eingefahren, erprobt, gedroschen. Das Leben in den kleinen Bergdörfern bei Modena wäre keins, wenn es

die Einfahrer von Maserati und Ferrari nicht gäbe.
Mit einem von ihnen bin ich gefahren. Er wollte mir nur die Strecke zeigen, auf der ich mit dem Maserati würde spielen können. Es war wie eine Hinrichtung in Zeitlupe! Schweißgebadet und mit den Nerven am Bordstein schleifend bin ich noch einmal davongekommen.

Wir donnern mit 120, 140 durch die engen Dörfer, schneiden die unübersichtlichen Bergauf- und Bergabkurven scharf links, ohne auch nur einmal zu hupen, gehen mit 180 über eine winzig kurze Gerade auf die nächste Kurve los, als wäre sie längst begradigt. Wir räumen Steine, Staub, Hühner und Grasbüschel aus dem Weg und preschen aus einer kaum überlebten Kurve mit einem Dampf heraus, als käme nicht kurz dahinter schon die nächste, die noch viel enger ist.

Manchmal steht ein kleiner Fiat-Kombi verschüchtert am Wege, zwei Räder im Graben. Oder ein Esel, ein bärtiger Bauer mit Holz auf dem Rücken, oder ein frommer Mann, der aussieht wie Don Camillo. Sie alle scheinen in ein Stoßgebet vertieft – auch der Esel und der kleine Fiat und das verschüchterte Perlhuhn am Zaun.
Erst als wir auf einer der Höhen anhalten, um auf meinen Wunsch eine Zigarette zu rauchen, komme ich dahinter, weshalb wir niemals eines dieser Hindernisse überfahren haben und stets eine aufgeräumte Straße und leergefegte Kurven vor uns hatten.

Ein Ferrari beginnt ganz unten in Maranello unsere Berge zu erklimmen. Er brüllt, tobt, quietscht, schleift und poltert unten im Tal, und der Lärm kommt immer näher. Man kann die Kurven zählen, ohne dass man sie sieht. Man hört das Rauf- und Runterschalten, das Aufheulen der zwölf Zylinder, das verzweifelte Jammern der Reifen, die sich mit letzter Kraft an die Straße klammern. Und man weiß genau, wann es Zeit ist, in Deckung zu gehen. So hat man also

auch uns kommen hören. Ich gebe zu – auch ich würde mich abwartend in den Graben stellen und mich zumindest einigen grundanständigen Gedankengängen hingeben.

So geht es hier tagaus – tagein. Die Leute sind daran gewöhnt. Es würde ihnen kalt den Rücken herunterlaufen, wenn die lärmenden Ungeheuer ausblieben. Die Bergdörfler würden das lähmende Schweigen für ein böses Omen halten und wahrscheinlich nach Amerika auswandern. Eine Stunde später bin ich die Strecke selber gefahren. Und ich habe meinen Maserati, schon um freie Bahn zu haben, aufbrüllen und quietschen lassen, und Michael Friedel neben mir, der eigentlich aus dem fahrenden Auto heraus fotografieren wollte, hat vor den Kurven die Augen geschlossen und sie erst auf der Geraden wieder aufgemacht.

Auf dieser Strecke zeigt der Maserati, wo er geboren ist: in Modena, das eine eigene

Rennstrecke und die Bergstraße hinter Maranello hat. Ich glaube, diese Straße ist das Reißbrett, auf dem hier die Autos konstruiert werden.

Oben halte ich an. Der Wagen ist noch so neu, dass er leise vor sich hinstinkt und tropft und knistert. Vom Motor brennen Fett und Farbe ab. Das Auspuffblech qualmt. Die Bremsbeläge riechen heiß und giftig; die Kupplung mieft. Das Auto scheint zu leben, obwohl es mit abgestellter Maschine neben mir steht. Es schnauft und röchelt, knackt und qualmt. Es reckt und streckt sich wie ein Tier. Und es scheint nur darauf zu warten, dass es weiter rennen kann.

Maserati verwendet – wie Alfa Romeo und Ferrari – eine starre Hinterachse. Da pendelt nichts, aber da springt auch nichts. Diese Achse gibt dem Wagen alles, was er an Straßenlage braucht, und natürlich ist sie gut und teuer geführt und mit tiefem Schwerpunkt und kurzen Federwegen gekoppelt. Und sie hat den Vorzug, auch bei Nässe und Glätte sauber geradeaus zu laufen. Im Autodrom, der Rennpiste von Modena, habe ich es bis zum Exzess ausprobieren können. Dort trainieren angehende Rennfahrer, probieren Werkfahrer Motoreinstellungen und testen Bremsen. Und im Autodrom fährt der feine Mann, der gekommen ist, um seinen Maserati selber im Werk abzuholen, seine ersten Kilometer mit einem Instrukteur zur Rechten.

Autodrom Modena, das heißt fahren, schalten, bremsen und furchtlos Gas geben – auch in der Kurve, damit man heil wieder herauskommt. Die

»DOCH WAS SOLL DIESE KRAFTMEIEREI HINTER DEM STEUER? FRAGEN SIE EINEN REITER, WARUM ER ÜBER GRÄBEN UND MAUERN SETZT [...]«

Werksfahrer kommen nicht rausgefahren, sie kommen auf allen vier Rädern aus den Kurven geschlittert. Es sieht abenteuerlich aus. Aber wenn man es dann selber macht, ist es nur noch schön.

Der Maserati zieht seine Runden wie der Zeiger einer Stoppuhr. Hat man erst einmal die Ideallinie gefunden und sind einem die einzelnen Kurvengeschwindigkeiten in Fleisch und Blut übergegangen, dann weiß man genau, dass man an jener Hecke runterschalten, bei jenem Bäumchen die Kurve anvisieren muss. Und dann ist das Runden drehen reine Routine.

Wie sicher die wirklich guten, schnellen Autos sind, das ahnt man aus der Kleinwagenperspektive kaum. Fünfzig Meter genügen, um vor einer rechtwinkligen Kurve aus 170 heraus, bremsend und blitzschnell schaltend, auf die immer noch mögliche Kurvengeschwindigkeit von 80 zu kommen. Aber diese fünfzig Meter sehen für den Anfänger oder Beifahrer so kurz aus wie fünf. Nein, in diesem Augenblick möchte ich nicht einmal neben mir selbst sitzen. Es könnte mein Ende bedeuten.

Doch was soll diese Kraftmeierei hinter dem Steuer? Fragen Sie einen Reiter, warum er über Gräben und Mauern setzt, einen Boxer, warum er die rechten Haken seines Gegners einsteckt. Sie werden hören, dass all das Sport ist.

Mit einem Maserati kann man hart sportfahren und zivil bummeln, am Abend, wenn man sehen und gesehen werden möchte auf den Straßen und Plätzen und an den Kais der Jachthäfen. Für das eine wie für das andere werden solche Autos gebaut. Man kann sie nicht mit normalen Maßstäben messen. Ein Maserati kostet soviel wie acht bis neun Volkswagen.

Also – vergessen wir ihn ...

Vergessen? Da darf man nicht schon einmal dringesessen haben.

Meiner tat mir leid, als ich ihn zurückgab, nachdem ich ihn noch einmal aus voller Brust hatte aufbrüllen lassen. Er war bereits verkauft, und ich hatte ihm nur die tausend Einfahrkilometer aufbrummen können, die vor der Ablieferung üblich sind.

Er würde nach Florida geschickt, sagte man mir. Nach Palm Beach.

Vielleicht fährt in dem Augenblick, in dem Sie diese Geschichte lesen, gerade ein süßes College-Girl mit ihm über den Strandboulevard. Mit dreißig im fünften Gang. Das arme Auto!

KAPITEL 7

MEERCESDES 300 SE

220 SE
S-LM 446
D

MERCEDES 300 SE: VISITENKARTE MIT 160 PS

Traumwagen entstehen nicht nur auf den Reißbrettern amerikanischer Automacher. Auch unter dem Mercedes-Stern rollt einer.

Glanzstücke von Daimler-Benz sind Coupés oder Cabriolets des Typs 300 SE mit Luftfederung und automatischem Getriebe. Diese Autos kosten beinahe 35 000 Mark. Neben den hubraumgewaltigen Blechfantasien aus Detroit nehmen sie sich vergleichsweise bescheiden aus. Warum sie dennoch zur Kategorie Traumauto zählen, schildert B. Busch in der zweiten Folge dieser STERN-Serie.

»HÄTTE ES ZU CASANOVAS ZEITEN SCHON DIESE CHROMGLITZERNDEN UND LEISE MIT ZWITSCHERNDEN REIFEN LOCKENDEN TRAUMWAGEN GEGEBEN, DER ARME WÄRE WOHL NICHT DAZU GEKOMMEN, SEINE MEMOIREN ZU SCHREIBEN.«

Sie können es selbst ausprobieren. Fahren Sie in irgendeinem unbedeutenden Massen-Automobil von der Johannisbeerstraße über den Krümmel zum Zoologischen Platz (es geht auch in umgekehrter Richtung). – Sie werden feststellen, dass nichts geschieht!

Steigen Sie dann in einen Traumwagen um und fahren, mit demselben Kopf und demselben Bauch hinter dessen Lenkrad sitzend, die gleiche Strecke noch einmal. Ich vermute, dass Sie rund dreiundzwanzigmal unsanft daran erinnert werden, dass Sie seit fünfzehn Jahren verheiratet sind.

Denn die Mädchen an den Fußgänger-Überwegen arbeiten mit Tricks, gegen die eine kommerzielle Striptease-Vorführung etwas Einschläferndes hat.

Ein geschickt improvisiertes Feuerwerk betörender Blicke und Gesten läuft – nur für Sie, der Sie in einem Auto sitzen, in das die jungen Damen gern hineinwollen. Der Gedanke drängt sich einem auf, dass die Bedienungserleichterungen in den Traumwagen nicht zuletzt dafür geschaffen wurden, dass der Fahrer seine Gedanken und im Ernstfall auch seine Hände woanders haben kann.

Hätte es zu Casanovas Zeiten schon diese chromglitzernden und leise mit zwitschernden Reifen lockenden Traumwagen gegeben, der Arme wäre wohl nicht dazu gekommen, seine Memoiren zu schreiben.

Die Traumwagen haben jedenfalls mit

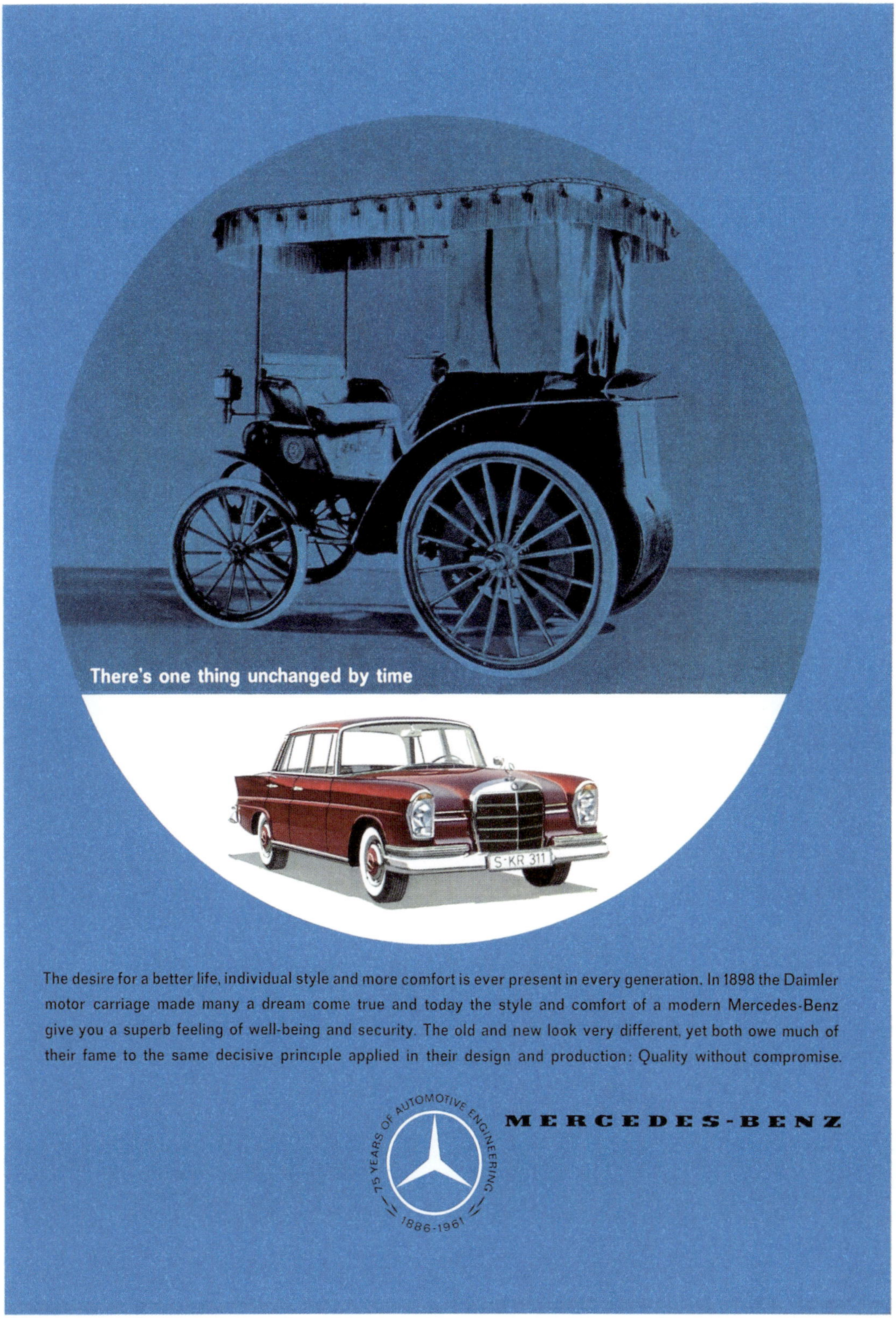
There's one thing unchanged by time
S-KR 311
The desire for a better life, individual style and more comfort is ever present in every generation. In 1898 the Daimler motor carriage made many a dream come true and today the style and comfort of a modern Mercedes-Benz give you a superb feeling of well-being and security. The old and new look very different, yet both owe much of their fame to the same decisive principle applied in their design and production: Quality without compromise.
75 YEARS OF AUTOMOTIVE ENGINEERING
1886-1961
MERCEDES-BENZ

den Traummädchen vieles gemeinsam. Sie sorgen dafür, dass sich die Männer wie ferngesteuert nach ihnen umdrehen. Sie rauben ihnen nicht selten ihr bisschen Verstand und verleiten sie zu Unachtsamkeiten im Verkehr. Auch trifft für beide zu, dass man sie sich erst dann leisten kann, wenn man ein sogenannter besserer Herr ist. – Bessere Herren haben freilich meistens mehr Bauch und weniger Haare als junge vergnügte Dachse. Dessen ungeachtet lehrt die Erfahrung recht eindringlich, dass die besseren Herren weggehen wie warme Semmeln, wenn sie denn nur auch gut verpackt sind.

Um schnurstracks wieder zum Thema zu kommen:

Als die geeignetste Verpackung hat sich der Traumwagen erwiesen!

Er hat den Brauch, das Blut junger Stiere zu trinken oder das Herz eines Bären zu verzehren, ebenso verdrängt wie die Hormonpräparate.

Sie müssen den besseren Herrn nur einmal beobachten: Das, was Sie für Zahnschmerzen halten, ist ein starkes männliches Lächeln. Er hat es in einem

schlecht beleuchteten Kino von Gregory Peck abgeguckt.

Eine Illustrierte muss, will Sie aktuell sein, die Sache aufgreifen. Eine Illustrierte vergibt die unterschiedlichsten Aufträge. Sie beauftragt einen Reporter, zuerst die Lollo, danach Claudia, dann die Bardot und natürlich auch die kleine Christine zu interviewen ...

... und sie beauftragt einen unbescholtenen Schreiber, Traumwagen zu fahren und darüber zu berichten.

Dabei ist es nur einem dieser beiden vergönnt, die Objekte seiner journalistischen Neugier liebevoll zu betasten und ihnen am Ende der Begegnung einen anerkennenden Klaps auf die Heckpartie zu geben.

Ob Sie es nun bereits ahnen oder nicht: Es ist der Traumwagen-Betrachter.

Seit Deutschlands gekrönte und ungekrönte Häupter eine Vorliebe für eine einzige Automobilmarke zeigen (und diese an unlauteren Wettbewerb grenzende Einfallslosigkeit ist fast so alt wie das Automobil selbst), heißt der Traumwagen des braven deutschen Mannes Mercedes! Individualisten sind ausgenommen,

zumal sie es fast nie fertigbringen, brave Deutsche im Sinne dieses hehren Wortes zu sein.

Da Sie nicht unbedingt alles ernst nehmen müssen, was ich schreibe, will ich Ihnen verraten, was ein Mercedes ist: Ein Mercedes ist jeweils das, was die in Untertürkheim unter den berühmten Dreizackstern schrauben. Und ein Mercedes-Fahrer ist jener, der mit verklärtem Gesicht hinter dem Stern herfährt. Denn früher trug der Deutsche

ein Abzeichen – und heute sitzt er drin. Auch der nicht allzu übermütige 190 D, der am Berg von irgendeinem hergelaufenen Fiat vernascht wird, macht dabei nicht den Eindruck, als ob er wirklich nicht mehr könnte.

Er mag nur im Augenblick nicht ...

Die Art, wie Mercedes-Wagen ihren Stern vor sich hertragen, erinnert an die leichtgeschürzten Mädchen in Cannes, die das mit ihrem nackten Nabel machen. Während ich mit dem MercedesTraum in Cannes herumkutschierte, fand im ich heraus, dass zwischen diesen

beiden dennoch ein gewaltiger Unterschied besteht: Die Lieferfristen. Es scheint, als ob der seit Jahrzehnten fast unveränderte, heute nur noch symbolische Spitzkühler mit dem aufgeschraubten Stern auf Männer wirkt, als wäre er sexy. Drum beginnen die Untertürkheimer auch erst hinter der Kühlerattrappe mit dem neuen Modell. Das ist der sicherste Weg, die Lieferfristen auf repräsentativer Länge zu halten.

Und doch fährt man mit Deutschlands Traumwagen in Cannes umher, als säße man in einem Goggomobil. Niemand dreht sich nach einem um. Das liegt nicht etwa an der Tatsache, dass sich fast das ganze Daimler-Benz-Personenwagenprogramm von einer einzigen Karosserieform ernährt. Die Leute in Cannes haben es sich vielmehr abgewöhnt, nach Automobilen zu gucken. Auch ein halbvergoldeter Rolls-Royce mit der Begum im Fond zieht nicht mehr. Der deutsche TraumwagenBesitzer ist schier am Verzweifeln und erinnert sich reumütig des ach so wahren Wortes vom Im-Lande-Bleiben ...

Das sorgfältig entstaubte, Musik von Radio Monte Carlo ausstoßende 300 SE Coupé wirkte nur auf jene jungen Damen aus der europäischen Provinz, die eigens nach Cannes gekommen waren, um nach einem Filmproduzenten Ausschau zu halten. Diese Mädchen haben ganze Traumwagen-Kataloge im Kopf und könnten, im Archiv an einen Nagel gehängt, der Redaktion einer Automobilzeitschrift gute Dienste leisten. Es passiert ihnen so gut wie nie, dass sie kleinen 190 für einen 220 SE halten oder ein 220 SE Coupé für ein 300 SE Coupé. Sie unterscheiden sich darin erheblich vom deutschen Fußgänger bis hinauf zum diensttuenden Tankwart einer Autobahntankstelle, dem ich es förmlich einreden musste, dass ich mit einem 300 SE und nicht mit einem 220 SE vorgefahren war.

Das wäre sicher schmerzlich für mich gewesen, wenn ich für das Auto fünfunddreißigtausend Mark ausgegeben hätte. Man wird den Mercedes-Leuten taktvoll beibringen müssen, dass sie den Stern von dreißigtausend Mark an vergolden sollen ...

Denn hier und da geht ihr Traumwagen in den Verkehrswogen unter. Jedenfalls das Coupé. Das Cabriolet schwimmt schon eher oben – wie eine offene Schachtel, deren Inhalt man mühelos betrachten kann. Und manchmal sind da wirklich süße Sachen drin ...

So waren die nabelfreien Mädchen ein kleiner Trost. Der größere war die Route Napoléon, jene schier endlose und kurvenreiche Bergstrecke im Französischen, auf der ich dahinter kam, wo die Untertürkheimer im 300 SE den »Traum« versteckt haben.

ZUVIEL GELD FÜR TECHNISCHE FINESSEN?

Der deutsche Beitrag zu unserem Thema ist nämlich kein Traumwagen im Sinne

einer silbernen Wolke, auf der man entrückt dahingleitet, nur vage ahnend, dass irgendwo ein Motor sitzt, der die Fortbewegung besorgt. Der deutsche Traumwagen ist vielmehr mit kräftigem Motorgeräusch und ruckender Getriebeautomatik drauf und dran, einem einzureden, dass er eigentlich viel zu teuer sei. Erst wenn man Gelegenheit hat, ihn über eine längere und vor allem schwierigere Strecke zu dreschen, als säße einem ein Prüfer vom Finanzamt im Nacken, kommt man dahinter, dass er eigentlich ein Beinahe-Sportwagen ist, der nur zufällig das Aussehen eines bequemen Kamelhaar-Pantoffels hat.

Man begreift das schon eher, wenn man einen seiner berühmten Ahnen, etwa den Typ »S« aus dem Jahre 1927, zu Rate zieht. Als es den gab, tanzte man Charleston, und das Benzin musste fünfliterweise mit der Hand aus den hochstämmigen Zapfsäulen gepumpt werden. Und doch ähneln sich diese beiden Autos in vielem.

EIN SPIELZEUG FÜR DIE MÄNNER

Der schneeweiße »S« aus den Goldenen Zwanziger Jahren war, wie das 300 SE Cabriolet von heute, ein Auto, in dem man den wahren Traumkomfort vergeblich suchte. Auch zu seiner Zeit gab es bereits raffinierter ausgestattete, weltmännischer aussehende Automobile in der gleichen Preislage.

Der »S« von damals und der 300 SE von heute verkörpern viel eher das Auto an sich, jenes mechanische Ding, mit dem Männer so gern

»DER 300 SE IST SO ETWAS WIE EIN GENIALES AUTO. [...] ABER EIN GENIE IST OFT EINER, DER KEINEN NAGEL IN DIE WAND SCHLAGEN UND KEINE GERANIE UMTOPFEN KANN.«

spielen. Dabei sind beide trotz allem Nimbus, der sie umgibt, in mancher Hinsicht hausbacken, schwäbisch-bieder.

Das allerdings merkt man erst, wenn man in den anderen Traumwagen dieser Welt gesessen hat.

Der 300 SE ist so etwas wie ein geniales Auto. Er besitzt eine Servolenkung, einen Einspritzmotor aus Leichtmetall, ein automatisches Getriebe, eine völlig neuartige Luftfederung und an jedem Bein eine Scheibenbremse. Aber ein Genie ist oft einer, der keinen Nagel in die Wand schlagen und keine Geranie umtopfen kann. Auf dieses Auto übertragen heißt das: Es bedient sich in verschiedener Hinsicht wie ein alter Brennabor.

Will man das Fenster öffnen, so sind nicht weniger als fünfeinhalb schwergängige Kurbeldrehungen erforderlich. Und bei jeder einzelnen knallt der Handrücken gegen eine Chromleiste, die das Türablagefach nach oben hin begrenzt. Auch das Handrad für die Ausstellscheibe sitzt weit weniger zugänglich als bei der nicht halb so teuren 220 SLimousine, Ascher und Zigarettenanzünder sind für den Fahrer kaum erreichbar, und der Spaß hört vollends auf, wenn man auf die naheliegende Idee verfällt, etwa die Sitzlehne während der Fahrt zu verstellen.

Ich hatte zwar beim Einsteigen einen sehr aufwendigen und repräsentativen Sitzbeschlag erblickt, aber bedienen lässt er sich nur, wenn man das Auto anhält und die Tür öffnet. Selbst wenn man eine Dame auf den Rücksitz lancieren will (300 SE Coupe und Cabriolet sind echte Viersitzer), macht das einige Umstände. Man braucht dazu beide Hände, ohne auch nur eine an die Dame legen zu können.

MIT LEEREM TANK AUF FREMDEN STRASSEN

Dass es viel bessere Sitzlehnenverriegelungen gibt, die sich mit zwei Fingern einer Hand bedienen lassen, weiß jeder »Arabella«-Fahrer. Ob man sie auf Sonderwunsch und gegen Aufpreis auch im Mercedes haben kann?

Schließlich war auch der Tankeinfüllstutzen so schwer zugänglich, dass die Tankwarte Deutschlands, Frankreichs, Italiens und der Schweiz leise vor sich hin fluchten. Und als ich mitten in fremdem Land zu finstrer Nacht ohne Sprit festsaß, obwohl die Benzinuhr noch auf »schön« stand, dachte ich von einem Chor zirpender Grillen begleitet, in mich

gekehrt darüber nach, warum es wohl nicht einmal für so viel Geld möglich ist, entweder eine genau gehende Benzinuhr oder einen narrensicheren Reservehahn oder gar beides in ein Auto einzubauen ... Gewiss, das sind Kleinigkeiten. Aber immer kostet dieses Auto so viel wie ein halbes Haus. Und man ist auch beim billigsten Fertighäuschen nicht gezwungen, die Haustür auf dem Bauche liegend zu öffnen oder Kohlen durch den Schornstein nachzulegen.

Doch denken wir noch einmal an den 27er »S«. – Er war der Vorläufer jener berühmten Reihe Tourensportwagen »SS«, »SSK« und »SSKL«, die bis zum Jahre 1934 gebaut wurden. Auf ihnen ritt Rudolf Caracciola seinem Ruhm entgegen; Könige und Maharadschas waren die Käufer.

Schon vor fünfunddreißig Jahren hielt man es bei Daimler-Benz so, dass man auf die Fahrgestelle wettbewerbsfähiger Sportwagen zivile Karosserien setzte und diese Autos für jedermann feilhielt, vorausgesetzt, dass er sie bezahlen konnte. Komfort kam dabei manchmal zu kurz.

Wenn ich das nicht wüsste, wäre ich versucht, mich in einen um zehntausend Mark billigeren Amerikaner zu setzen, mit den Knöpfen spielend, die das

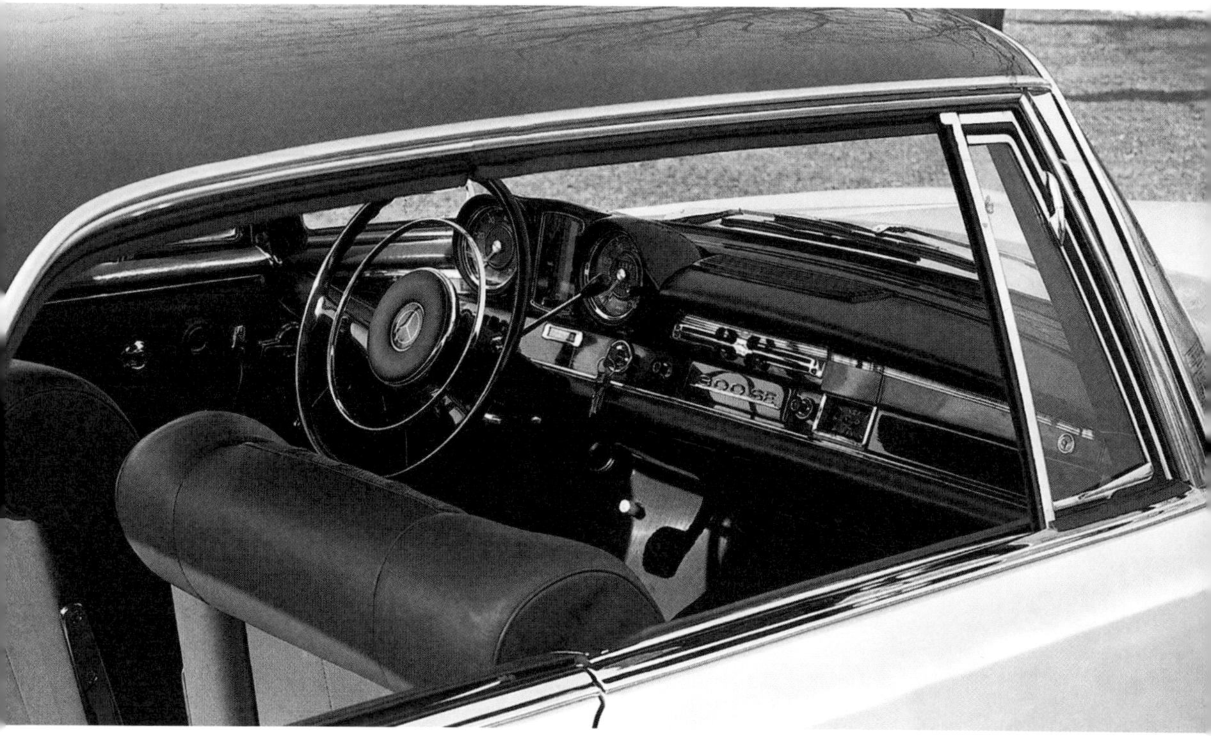

Fenster und das Verdeck auf- und zumachen, und »na bitte« zu sagen. Denn ich soll ja über Traumwagen schreiben.

Immerhin: Die Leute, denen ich. mit meinem 300 SE begegnete, hielten mich mindestens für das Doppelte. Nur eine Dame im Dirndl, die wie ich in Cannes weilte, sagte zu ihrem Mann, der Shorts und eine Leica trug: »Wer wees, obber bezahlt is?« Wenn sie wüsste, wie recht sie hatte ...

Schauen wir nun mal unter das teure Blech. Dort sitzt der leichtmetallene Drei-Liter-Motor, der von einer Einspritzpumpe gefüttert wird. Das ist eine technische Leistung. Die anderen hängen noch immer am Vergaser.

Aber was sind drei Liter, wenn schon ein Opel Kapitän 2,6 Liter groß ist? Gewiss, die 160 PS, die aus den drei Litern kommen, können sich sehen lassen. Ich behaupte aber trotzdem, dass dem Traumwagenliebhaber mit einem Vergasermotor von fünf bis sechs Litern Hubraum besser gedient wäre. Denn man erwartet vom Motor eines Spitzenautos, dass er nicht zu hören ist, dass er schon bei geringer Tourenzahl Bärenkräfte entwickelt, und dass er nicht erst bei 3.800 Umdrehungen sein bestes – und nicht einmal sehr hohes – Drehmoment liefert.

Für amerikanische Begriffe ist ein Drei-Liter-Wagen beinahe ein Kleinauto, denn drüben hat man den Segen des großen

Driving becomes a joyful experience
When a car combines liveliness, safety and elegance it will give pleasure to men and women alike. Driving such a car is more than convenient travel, it is pure joy. Designers and engineers at Daimler-Benz AG are constantly at work to provide the proud possessor of a Mercedes-Benz not only with the most efficient and dependable, but also the safest and most enjoyable means of travel.
MERCEDES-BENZ

Hubraums längst erkannt. Und damit man nicht voreilig am falschen Ende aufhängt:

Ein Fünf-Liter-Motor muss nicht unbedingt viel mehr Benzin verbrauchen als ein Drei-Liter-Motor.

Das sieht in der Praxis so aus: Ober eine Strecke von rund 2.700 Kilometern ermittelte ich für den 300 SE einen Durchschnittsverbrauch von 18,5 Litern; mit einem sechseinhalb Liter (!) großen Amerikaner brauchte ich nur einen Liter mehr.

Was soll's also, zumal der Traumwagenkäufer wohl kaum auf den Liter und die Differenz in der Hubraumsteuer schaut?

Dass der 300 SE-Motor ein Leckerbissen für den Techniker ist, steht außer Frage. Ich würde ihn umarmen, wenn er in einem 18.000 MarkSportwagen säße.

Aber ich fand es störend, mir von Mitfahrern, die Autos zwischen acht und vierzehntausend Mark besitzen, dauernd sagen lassen zu müssen: »Meiner ist aber leiser!«

Und das war nicht einmal gelogen.

Man darf eben keine Autobesitzer mitnehmen, wenn man in einem Auto spazieren fährt, das so viel wie fünf Mittelklassewagen kostet, und keine jungen Männer, die gerade die Anzahlung für ihr erstes Goggomobil zusammenhaben. Das Dreißigtausend MarkGefährt fällt dann nämlich meistens durch.

Nur die Mädhen hauchen bereits ein dankbares » ... oh«, wenn sie nur die glatten, duftenden Ledersitze unter sich verspüren. Leder ist trotzdem nicht praktisch. Es animiert zum Schwitzen, und man rutscht haltlos darauf herum. Man sollte Autositze höchstens damit einfassen. Auf der Sitzfläche ist ein griffiger, kräftiger Stoff einfach besser.

Doch wer weiß, ob die Traumwagenfahrer dann nicht pikiert wären, denn sie sind meist merkwürdige Menschen. Für ihr Geld wollen sie vor allem auch Tradition haben; nicht nur Fortschritt. Und Leder ist Tradition. Außerdem muss der Preis stimmen – und der stimmt immer dann, wenn er so hoch ist, dass ihn nicht jeder bezahlen kann.

Nun sollen mir die Untertürkheimer aber nicht ins Wort fallen mit der Bemerkung, sie sähen im 300 SE Coupé wie Cabrio gar keinen Traum-, sondern einen Sportwagen. Damit können sie sich nicht herausreden, die Techniker haben ihm nämlich ein automatisches Getriebe verpasst!

Eins, für das der Drei-Liter-Motor zu klein ist, das die 160 Pferde am flotten Galoppieren hindert.

Eins, das weder Cruise-O-Matic noch Hydramatic oder noch dramatischer heißt, sondern das sich schlicht nur »automatisches Vierganggetriebe« nennt.

Und so arbeitet es denn auch.

Ich bin weit davon entfernt, dieser Automatik zuliebe jeden herkömmlichen Schaltknüppel übers Knie zu legen.

Während man von den amerikanischen Getriebe-Automaten, die mit wesentlich voluminöseren Motoren gekoppelt sind, wie an einer endlosen Schnur davongezogen wird, spürt man beim automatischen Daimler-Benz-Getriebe noch die Knoten, die drin sind.

Es gibt je nach Fahrsituationen diesen oder jenen mehr oder minder heftigen Ruck – und man tut gut daran, uneingeweihte Mitfahrer darauf hinzuweisen, dass es ein automatischer Ruck ist. Sie könnten einen sonst für einen Anfänger halten.

Dafür hat dieses etwas urwüchsig arbeitende Getriebe allerdings den Vorzug, dass man es durch fleißige Handhabung des Wählhebels so bedienen kann, dass sich die 160 PS des Motors wirklich auf die Straße bringen lassen. Man fährt dann sozusagen sportlich, sieht aber nicht ein, wozu man die teure

»DENN DIESES MANÖVER LIEGT DEM WAGEN BESONDERS: MIT VOLLDAMPF ZWISCHEN ZWEI KURVEN AUF DIE NÄCHSTE LOS,KURZ 'RUNTERBREMSEN, 'REINZIEHEN MIT GAS UND 'RAUS MIT NOCH MEHR GAS.«

Getriebeautomatik mit dem Wählhebel ständig überlisten muss.

Das Vergnüglichste am 300 SE ist das Kurvenfahren, vor allem am Berg oder gar auf der endlos-kurvigen Route Napoléon. Denn dieses Manöver liegt dem Wagen besonders: Mit Volldampf zwischen zwei Kurven auf die nächste los, kurz runterbremsen, reinziehen mit Gas und raus mit noch mehr Gas. Und das immer wieder, bis man auf sagenhafte Kurvengeschwindigkeiten kommt und auch den schnellen Hirsch eines Einheimischen, der die Strecke besser kennen mag, stehenlassen kann.

So kämen wir endlich zum HappyEnd, das dieser Geschichte fehlen würde, hätten die Mercedesleute dem Wagen nicht die Luftfederung, die vier Scheibenbremsen und eine sportlich reagierende Servo-Lenkung mitgegeben. Ich habe mir diese überzeugenden Pluspunkte bis zum Schluss aufgehoben, weil der Leser die unangenehmen Dinge umso schneller vergisst, je angenehmer eine Geschichte endet.

Die Servo-Lenkung, jene amerikanische Gepflogenheit, wurde hier gewissermaßen ins Deutsche übersetzt. Sie arbeitet nicht amerikanisch-anonym, sondern spricht im mittleren Bereich, den der Fahrer zum genauen Zielen verwendet, auf die Muskelkraft aus des Fahrers Armen an. Erst über diesen Bereich hinaus setzt die Lenkhilfe ein, und das Gefühl für die Straße geht wieder verloren. Wenn man also kurbeln muss – wie etwa beim Rangieren oder auf anspruchsvollen Passstraßen – geht es spielend leicht. Nur muss man beim harten Kurvenkampf den Übergang von Muskelkraft auf den Servobereich einkalkulieren. Man überzieht sonst das Rad an dem Punkt, an dem es plötzlich anfängt, leichtgängig

zu werden. Dennoch ist diese Lenkungsauslegung die bisher gescheiteste weit und breit, und sie sollte Schule machen. Dass meine beiden Begleiter, ein Herr und eine Dame, inmitten der Route Napoléon grün im Gesicht wurden und mal 'raus wollten, lag nicht am Auto, sondern an mir. Ich wollte die Luftfederung in Verlegenheit bringen und die Grenzen das Fahrwerks finden. Die Luftfederung ist so neu, und sie haben bei Daimler-Benz Jahrzehnte gebraucht, ihren jetzigen Personenwagen eine optimale, stahl gefederte Straßensicherheit zu geben, dass ich es der Luftfederung einfach nicht glauben wollte, wie tüchtig sie ist.
Sie ist sogar noch besser!
Ihre Grenzen spürte ich erst, als ich so fuhr, dass mich die herkömmliche Stahlfederung wahrscheinlich längst aus der Kurve getragen hätte. Da zeigt sich bei der Luftfederung urplötzlich das Ende ihres guten Willens, das ganze Auto verkantet ruckartig, tut so, als wolle es ohne jegliche Vorwarnung umkippen.
Im Übrigen ist die Luftfederung genau das, was unseren Familienlimousinen noch fehlt. Sie stellt sich auf jede noch so unterschiedliche Wagenbelastung ein und hält das Auto stets waagerecht. Ein Einsinken des kofferbeladenen Hecks, verbunden mit vorn hochgehenden und unverschämt blendenden Scheinwerfern, ist ausgeschlossen.
Blieben zum guten Schluss noch die ausgezeichnet arbeitenden Scheibenbremsen zu erwähnen, die erst das überdurchschnittlich flotte Fahren auch auf schwierigen Strecken möglich machen. Denn ein Auto ist so schnell, wie seine Bremsen gut sind. Auch in zu schnell angefahrenen Kurven verzögern sie den 1,5 Tonnen schweren Wagen sicher und fast risikolos. Auf schneller Autobahnfahrt braucht

man sie sehr oft, um auf die zahlreichen Hindernisse einzugehen, die sich voraus entwickeln, und sie zeigen keine Ermüdung, kein Nachlassen ihrer Leistung.
So erscheint einem am Ende doch dieses Coupé oder Cabriolet im limousinenmäßigen Breitwandformat wie ein Sportwagen. Man findet sich damit ab, die Mängel des Getriebes durch eine schaltwillige Hand auszugleichen, nimmt das raue Motorgeräusch hin, und wenn auf steiniger Passstraße der sorgfältig verschlossen gewesene Kofferraumdeckel zum dritten Mal aufspringt, weiß man, dass man immerhin so flott gefahren sein muss, dass die Karosserie nicht umhin konnte, sich zu verwinden.
Die Frage ist nur, ob man den für so manche Unzulänglichkeit nicht gerade bescheidenen Preis verwindet. Doch das ist Sache des Käufers, nicht Sache des Traumwagen-Berichters.
Der Käufer benutzt den Wagen als Visitenkarte.
Und ohne dass es geschrieben stünde, weiß man: Der Knabe hat Geld wie Heu! Man kann sich kein Schild um den Hals hängen, aber man kann sich in einen Traumwagen setzen.
Vor meiner Tür steht schon der nächste. Er hat 6,4 Liter Hubraum, 250 PS und Knöpfe, auf die man drückt, wenn sich ein Fenster öffnen oder das Verdeck schließen soll. Ich hänge mir ihn nachher um den Hals.

When your family or friends enter your car you feel responsible for their well-being. You only have to glance in the mirror of a Mercedes-Benz and no words need tell you that this car is designed for the safety and comfort of all. Daimler-Benz designers have embodied the wants of the driver and the demands of modern-day traffic into every vehicle which leaves their works. That's why Mercedes-Benz cars are designed and built to provide trouble-free enjoyable motoring in utmost safety.

MERCEDES-BENZ

KAPITEL 8

AUSTIN-HEALEY 3000

3000
TWEE- EN VIERPERSOONS
SPORTWAGENS
UOJ 412

AUSTIN-HEALEY 3000: ZIVIL MIT HERRLICH VIEL DAMPF

Dieses Auto wird oft falsch beurteilt, wie alles auf dieser Welt... Auch ich. Wenn ich schreibe, dass mein Vater damals noch mehrmals und in allen Ehren verunfallen durfte, so erregt das Widerspruch und Unwillen. Man vergisst, dass es damals noch ein reines Privatvergnügen war, einen Unfall zu bauen, denn man war allein auf der Strecke. Die wenigsten Unfäller zogen noch einen Unbeteiligten hinzu, sondern sie knallten mutterseelenallein gegen ihren Baum.

Wenn man allein im Zimmer ist, kann man husten und niesen und rülpsen, wie es einem passt. Wir sind aber heute nicht mehr allein, wir sind Masse. Und deshalb ist es sogar unsere Pflicht, dass wir uns anständig betragen, vor allem auf der Straße. Das ist der Unterschied. Deshalb trauern wir der Zeit nach, in der ein Autofahrer noch Sachen machen konnte, die ihm heute den Führerschein kosten.

Haben Sie damals den geringsten Gewissensbiss verspürt, mein Herr, wenn Sie sich nach dem Kegelabend mitsamt Ihren fünf halben Litern und ihren sechs Steinhägern hinter das Steuer Ihres hochbeinigen Moritz klemmten? Dabei konnte eine Kurve schon bei vierzig Sachen auch im nüchternen Zustand ein Abenteuer sein. Denn die Autos waren steife Böcke und keine saugfähigen Schwingachser. Trotzdem war das damals schön. Man

Optional extras

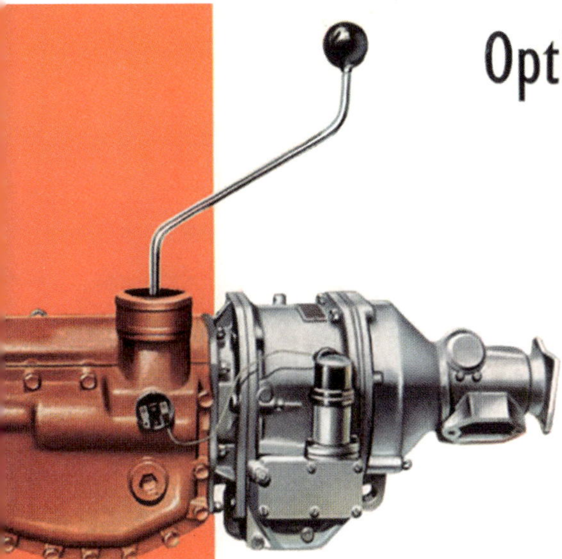

HEATER

For extremely cold climates, a fresh air heater with demisters can be neatly installed.

RADIO

If you like a radio in your car, there is a set available which gives good reception in all countries of the world.

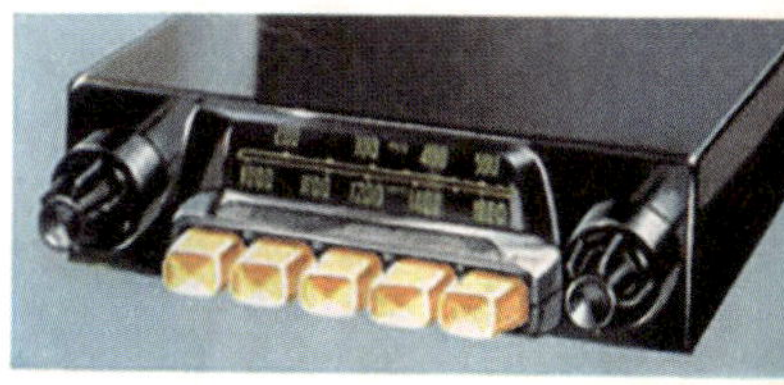

OVERDRIVE

An electrically controlled overdrive (illustrated here) can, if required, be fitted to the standard gearbox of the Austin Healey "3000" Mk.II. This is operated by a switch on the fascia and provides a high top gear ratio giving the car a fast cruising speed, while maintaining a modest fuel consumption.

o" Mk.II
p
rutiny
the
n
s.

A fully comprehensive range of optional extras and alternative equipment is available for the Austin Healey "3000" Mk.II. They can all be fitted to order, at extra cost.

suspension units and
springs are controlled
c shock absorbers and

HARDTOP

A removable fibre-glass hard-top instantly gives the appearance and convenience of a sports saloon.

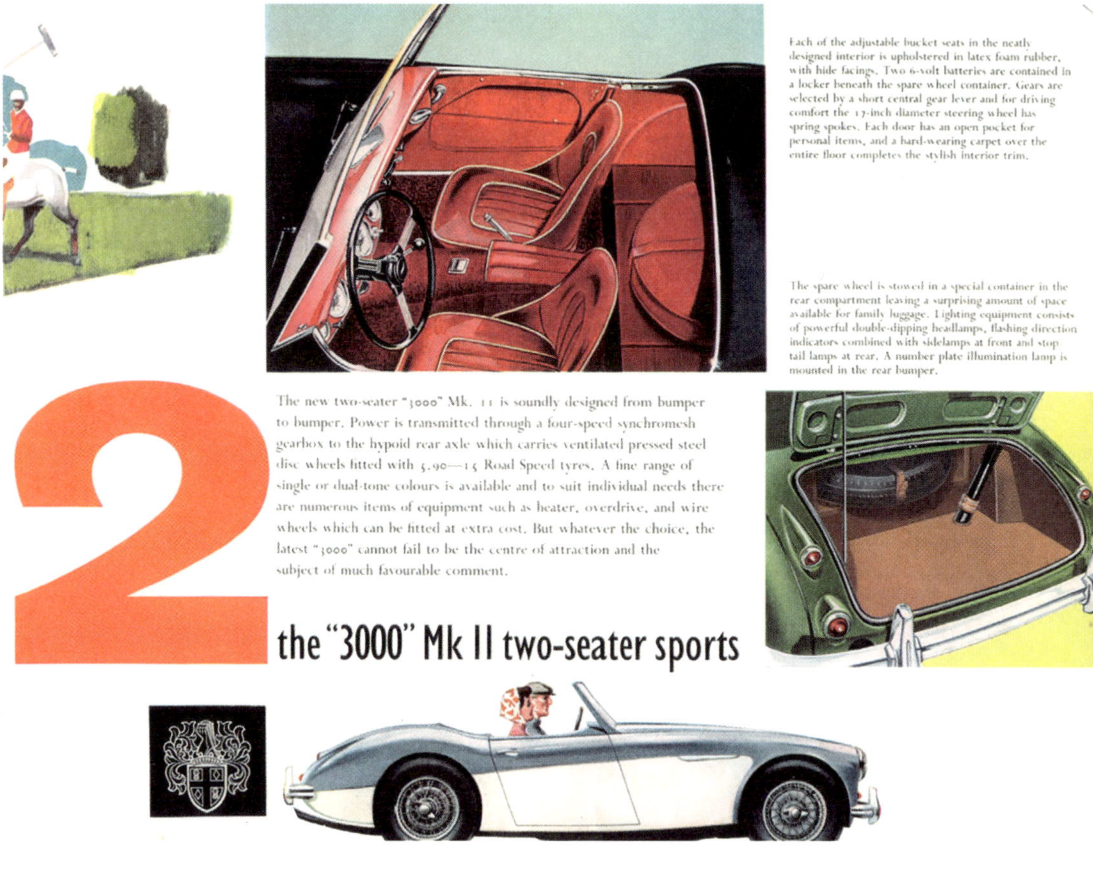

kann einem Knaben ein knallbuntes Spielzeug schenken, es ist aber nicht gesagt, dass er damit wirklich spielt. Es ist eher möglich, dass er weiterhin seine umgebaute Zigarrenkiste bevorzugt, mit der er Sand und Steine und kleine Holzblöcke transportiert, wobei er eifrig »brumm-brumm« macht.

Auch als Mann schwärmt der Knabe nicht immer für das Vollkommene. Denn es kann sehr langweilig sein. Manche Männer ziehen das Urwüchsige, Unvollkommene vor, um es noch selbst formen und bändigen zu können.

Man unterstelle mir nicht, dass ich vom Thema abgekommen sei. Ich bin noch immer bei Automobilen ...

Es gibt Leute, die legen ihre siebentausend Mark nicht in einem Opel oder in einem Ford an, sondern sie stecken sie leichtfertig in einen offenen Zweisitzer.

Etwa in einen Sprite. Es sind große Knaben, die gern mit leeren Schachteln spielen. Die Vernunft ist gegen die Zigarrenkiste, gegen den Sprite und gegen dessen großen Bruder, den »3000«. Denn die Vernunft selbst ist langweilig. Leute, die überlegt vernünftig leben, sind

> »DER 3000 IST BEISPIELSWEISE EIN GANZ KLARER FALL. ER IST DEN MÄNNERN AUF DEN LEIB GESCHNEIDERT, DENEN WEDER EIN PORSCHE NOCH EIN SL RICHTIG PASSEN WÜRDE.«

unvernünftig. Denn ins Extreme gesteigerte Vernunft wird zur Unvernunft. Zur gesunden Vernunft gehört der Mut, unvernünftig zu sein. Notfalls streichen Sie das aus Ihrem Gedächtnis, falls es Sie verwirren sollte. Nein, ich will Ihnen über den Austin-Healey 3000 berichten. Nun habe ich den Faden wieder. Es fahren eine Menge große Healeys umher, vom 100 Six bis zum neueren 3000, und ich kenne Leute, die gehen Nacht für Nacht mit ihren dreizehntausend Mark im Bett auf und ab und kommen zu keinem Entschluss.

Es reißt sie zwischen einem Porsche und einem Dreitausend hin und her und dabei schielen sie auch noch nach einem 190SL. Sie kommen schließlich nervlich so herunter, dass sie sich schon mit einer normalen Limousine überschlagen würden. Dabei ist das doch ganz einfach. Man muss erst einmal sich selber und dann das betreffende Auto kennen. Der 3000 ist beispielsweise ein ganz klarer Fall. Er ist den Männern auf den Leib geschneidert, denen weder ein Porsche noch ein SL richtig passen würde. Es gibt nichts Leichteres als die Wahl zwischen diesen drei grundverschiedenen Automobilen, die außer der Bezeichnung »Sportwagen« nicht das geringste gemeinsam haben.

Wir sind unter einem Dutzend unterschiedlicher Sternbilder geboren, es müsste ein Dutzend diskutabler Sportwagen in jeder Preisklasse geben, wollte jeder den richtigen finden. Ich bin ein Stier. Fahren Sie mit mir Healey 3000, dann wissen Sie am Ende, ob Sie ihn mögen, oder besser gesagt, ob Sie ihn verkraften können:

Er ist ein Abenteuer. Als ich ihn in Düsseldorf bestieg, hatte er zu meinem Bedauern seinen Hut auf. Ich habe das Hardtop zu Hause für die nächsten zweitausend Kilometer abgenommen. Aber zunächst einmal war darunter allerhand los. Ich hörte meine eigenen Flüche nicht mehr, und von null bis fünfzig beim Ampelstart machten die Trommelfelle bereits Sonderschichten. Aus Bürofenstern hielt man nach einem notlandenden Düsenjäger Ausschau. Mein 3000 hatte eine schlichte Hausfrisur für listenmäßig 1250 Mark. So konnte ich über 140 PS verfügen. Es ist eine Menge Zeug, zumal dann, wenn man sie sich im I. und II. Gang austoben lässt. Das kommt später. Zunächst möchte ich Ihnen die Frisur erläutern. Sie hat eine schnelle Nockenwelle und einen polierten Kopf, verstärkte Ventilfedern und zwei SU-Spezialvergaser. Den erzielten 16 Mehr-PS zuliebe wird auch die Vorderfederung ein bisschen verstärkt, das ist im Preis einbegriffen. Der Motor ist drei Liter groß. Da kämen auch noch mehr PS heraus, aber ich gebe es Ihnen notfalls schriftlich, dass es vollkommen genügt. Ich wäre auch ohne Frisur zufrieden gewesen.

Das Gebrüll entstand zunächst auch dadurch, dass ich auf den ersten Düsseldorfer Kilometern nicht schnell genug aus den niederen Gängen herauskam. Es lag nicht am Getriebe, es lag an mir. Denn ich versuchte, es zu schalten, ohne zu ahnen, dass man jedem Gang einzeln in den Hintern treten muss. Mit dem üblichen lockeren Handgelenk kommt man höchstens bis zum Leerlauf. Ich verlor anfänglich wertvolle Sekunden oder ich donnerte im II. Gang im Verkehrsstrom herum, bis ich es fertigbrachte, die Gänge mit starkem Arm dahin zu dreschen, wo ich sie hinhaben wollte.

Der Austin Healey 3000, zumindest der fast neue, den ich fuhr, schaltet sich so ähnlich wie- ein Raupenschlepper. Sie werden es kaum glauben – aber auch das kann Spaß machen! Und so ist das ganze Auto. Es will unablässig ein wenig gebändigt werden, wie die großen Brummer der dreißiger Jahre.

Aber so hart man es auch reitet, es macht ihm nicht das Geringste aus. In einen

UUK 343

1150 Kilogramm leichten Wagen hat man eine Art Lastwagenmotor gesetzt. Bei 120 km/h am elektrisch zuschaltbaren Overdrive dreht er gerade 3000 U/min (ohne Overdrive 3600 U/min), und bis zum roten Strich bei 5500 U/min kriegt man ihn kaum. Weil einen immer irgendetwas daran hindert. In den kleinen Gängen ist es der donnernde Krawall, den man seinen Mitmenschen nicht unnötig zumuten möchte, und in den oberen ist es die Geschwindigkeit, die man inzwischen erreicht hat. Sie ist nur selten auf die gegenwärtigen Straßen- und Verkehrsverhältnisse übertragbar.

Ich schaffte es überhaupt nur bis 190 km/h. Die waren absolut drin und vielleicht noch ein weniges mehr. Aber die Umwelt war gegen jegliche Steigerung. Irgendetwas ist doch immer los, und wenn es in den frühen Morgenstunden das wechselnde Wild ist. Die Spitze dieses Wagens ist genug für Leute, die damit keine Wettbewerbe auf abgesperrter Piste bestreiten wollen. Ich sehe den 3000 auch keineswegs als Wettbewerbsfahrzeug an. Sein unkompliziertes Fahrwerk ist dafür nicht mehr up to date. Das konnte schon der Jaguar XK 150 nicht mehr. Ich sehe in ihm viel eher einen zivilen Sportwagen mit herrlich viel Dampf drin. Man kann ihn in 14,0 sec. bis 120 km/h hochtreiben (0 - 80 = 8 sec., 0 - 100 = 10,3 sec.), dann mit einem Klick den Overdrive zuschalten und auch weiterhin sehr flott Land gewinnen, so dass es kaum einen Autobahngegner zu geben braucht. So habe ich es jedenfalls gehalten und dies als die nervenschonendste Methode empfunden.

Und in jeder Sekunde, die ich hinter seinem gut in der Hand liegenden Lenkrad zubrachte, genoss ich die 140 PS in meinen Zehenspitzen. Die Freude, die sie einem zu geben vermögen, ist schon von null bis hundertvierzig perfekt. Und das kann man sich immer gönnen.

Überholvorgänge werden zu harmlosen Panthersprüngen, Berge zu Flachland und Ampelstarts zu allgemeinem Aufsehen. Diese Schilderung wird manchen edel denkenden Leser wiederum vergrämen, weil er in mir den schonungslosen Raser zu erkennen glaubt. Ich versichere ihm aber, dass ein solches Auto in der Hand eines besonnenen Fahrers ein Beitrag zur Verkehrssicherheit ist. Was ich von einem übermotorisierten und schlecht gebremsten Kohlenkasten der niedersten Preisklassen nicht behaupten kann.

Natürlich kommt auch ein 3000 mal in falsche Hände, schon ein harmlos aussehender 220 SE ist 170 km/h schnell und er wird von Herren gefahren, die ständig Pillen gegen ihren Blutdruck nehmen und die bei hundertvierzig eine dicke Zigarre rauchen. Darüber hinaus hat der Healey 3000 ganz hervorragende Bremsen, nämlich Scheibenbremsen.

Man soll Sportwagen seines Schlages nicht voreingenommen verdammen, weil sie durch ihre Form offen zugeben, dass sie schnell sind. Man soll sein Augenmerk viel eher auf die harmlos aussehenden, fast ebenso schnellen Limousinen richten, in denen gutmütig aussehende Großväter hundertsechzig fahren, ohne es genau zu wissen.

Ich fuhr übrigens den sogenannten Viersitzer, der sehr gut aussieht (etwa wie ein Sportboot) und der natürlich doch nur ein Zweisitzer ist. Hinten sind die Vertiefungen für zwei Kinder-Popos in die Bank geprägt, aber Kinder können da nicht immer sitzen. Bei hohen Geschwindigkeiten würden sie bei der geringsten Bodenwelle herausfliegen.

Auch der Luftsog räumt den offenen Wagen ab 160 km/h gut auf. Alle lockeren, leichteren Gegenstände verlassen ihn waagrecht nach hinten. Als Mitnehmersitze für kurze innerstädtische Strecken sind die hinteren Bankvertiefungen geeignet, zumal dann, wenn es gilt, etwa zu viert die Via Veneto rauf- und runterzufahren.

Wie der Wagen überhaupt zu jedem Bummeltempo aufgelegt ist. Mein Frisierstück allerdings neigte selbst bei Aral zum Klingeln, aber ich habe ihm natürlich keinen Alkohol spendiert. Er klingelt ja auch nur, wenn man nicht rechtzeitig schaltet, vielleicht, weil man sich davor fürchtet. Nach einigen Tagen ist das nicht mehr der Fall. Ich würde ihn auf jeden Fall unfrisiert nehmen. Fürs private Vergnügen dürften auch 125 PS ausreichen. Wenn man mit zwei unbekümmerten Teenagern

»DIESES AUTO ERSETZT GEGEBENENFALLS EIN GANZES OKTOBERFEST. ES IST ACHTERBAHN, STEILWAND UND MONDRAKETE IN EINEM. UND ES IST NICHT MINDER ROBUST.«

durch die Gegend brummt (meine Tochter nebst Freundin), so erlebt man es tatsächlich, dass menschliche Stimmen den Beschleunigungslärm zu übertönen vermögen.

Jede Kurve wird schon von weitem mit Entzückungsschreien begrüßt. Dieses Auto ersetzt gegebenenfalls ein ganzes Oktoberfest. Es ist Achterbahn, Steilwand und Mondrakete in einem. Und es ist nicht minder robust.

Schließlich sind die serienmäßigen 125 PS aus drei Litern Hubraum kein Husarenstück. Dieser Motor erreicht demzufolge auch das biblische Alter, weshalb die Frage nach den Kosten eines Austauschmotors kaum je gestellt wird. Es gibt auch keinen. So ist dieser Wagen. Er ist schnell, überaus robust und verhältnismäßig billig. Und er sieht bestechend aus. Er ist der erste männliche Gegenstand, an den meine Tochter ihr Herz verlor. Sie saß stundenlang drin, als der Wagen stand.

Motor, Fahrgestell und Cockpit erinnern an die großen, unerreichbar teuren Sportwagen der Vorkriegszeit, die Fahrleistungen sind aber besser, und der Preis ist im Verhältnis weit geringer. So muss man ihn sehen. Er liegt sehr tief (fast ein bisschen zu tief für den Alltag) und seine lange Schnauze sticht bei Bodenwellen scheinbar in den Himmel. Er ist kein anpassungsfähiger Einzelfüßler, er ist ein flaches, steifes Brett. Es wurde wohl versucht, die Starrachse durch extrem tiefe Schwerpunktlage zu überlisten. Hin und wieder meldet sie sich aber doch.

Dann heißt es – fahren! Und nicht – sich fahren lassen! Manchmal kostet es sogar Nerven, worauf Männer, die ihre Pfeife bewusst mit ganz starkem Tabak stopfen, wahrscheinlich Wert legen.

Schließlich ist eine Filterzigarette wesentlich bekömmlicher. Aber direkt reizvoll ist sie bei aller weltoffenen Reklame ja doch nicht. Ich möchte zwar nicht unentwegt starken Tabak rauchen, aber ich habe sehr oft ein ausgesprochenes Verlangen danach. Genau dies stillt ein Auto wie der 3000.

Ich brauche nicht im Bett auf und abzugehen, wenn es um die entscheidende Frage geht, welchen Sportwagen ich neben meine Limousine in die Garage stellen soll. Ich wüsste genau, dass es dieser sein müsste, weil er nicht nur zu

meinem Tierkreiszeichen passt. Es ist ein Stückchen Bugatti an ihm, ein Stückchen Mercedes SSK und ein Stückchen BMW 327 – und viele Kilogramm einer schönen Vergangenheit.

Er ist nicht so artig und nicht so vollkommen wie ein Porsche. Er ist auch nicht zukunftweisend, er hält für die, die es so haben wollen, die Tradition an ihrem letzten Zipfel fest. Er ist so zeitgemäß, wie ein alter Schlager den man heute gern wieder hört.

Wenn Eddie Constantin mit rauer Stimme »Eine Nacht in Monte Carlo« singt – das ist ein Austin Healey 3000. Nicht nur deshalb, weil der alte Film, aus dem dieser Song stammt, »Bomben auf Monte Carlo« hieß...

KAPITEL 9

RENAULT PLEIN AIR

PLAIN AIR: DER HALBNACKTE RENAULT

B. Busch fuhr den Renault Plein Air – ein Auto für alle Freunde des offenen Fahrens.

Dieses Auto hat einen beachtlichen Nach teil: Wenn man es fährt, wird man den abendlichen Wetterbericht mit mehr Spannung verfolgen, und man wird bei negativen Aussichten noch mehr in sich zusammenfallen. Weil der Himmel über Deutschland nicht mit zwei Blaumachern bearbeitet werden kann, ist der liebenswerte Frischluft-Renault hier nur als Zweit oder Drittwagen zu gebrauchen. Wenn man ihn gefahren – oder besser noch – wenn man mit ihm gespielt hat, ist man versucht, seinetwegen in ein sonniges Land auszuwandern.

Ich schwang mich auf seinen Fahrersitz, hakte die Sicherheitskette ein, um in schwungvollen Kurven darin hängenbleiben zu können, und fuhr davon. Das war im sonnigen Pferdeland, der französischen Camargue. Aber ich mied die Pferde – und bevorzugte den Plein Air, denn auch die Pferde in der Camargue haben weder Gaspedal noch Bremse und sind überaus schlecht gefedert.

Mit dem Plein Air ritt ich querfeldein, strandauf- und strandab und über die schmalen, lieblichen Wege durch die Weidegründe der Stiere, die dort ihrem

Auftritt in der Arena entgegengrasen. Sein schluckfreudiges Fahrwerk bügelte das Gelände glatt. Und doch reitet man, vom Wind und vom Staub umweht; dieses Auto. Man muss sich auch nicht an die Straßen und Wege halten, man kann schon mal querdurch, obwohl es nicht geländegängig im Sinne eines Militärfahrzeuges ist. Dafür fehlt ihm der Allradantrieb, der es um etwa dreitausend Mark verteuern würde.

Aber es ist so geländegängig wie eine Ziege oder ein Kamel. Seine langen Federwege passen sich auch groben Unebenheiten an, und die vom Vierzylinder-Reihenmotor, dem Getriebe und dem Reserverad belasteten Frontantriebsräder packen gut zu und lassen sich gezielt dahin lenken, wo ein griffiger Untergrund winkt. Wer den Plein Air querbeet fahren will, der sollte ihn gleich besonders griffig M + S-bereifen.

Nie, auch nicht am steilen Hang, hatte ich das Gefühl, ein untermotorisiertes Fahrzeug unter dem Sitz zu haben. Der 27 PS leistende 845 ccm-Motor hat mit dem um eine Menge Blech und Glas erleichterten Spezial-R 4 leichtes Spiel. Das äußert sich auch beim Beschleunigen. Der Plein Air ist auf dem Weg von 0 auf 80 km/h um zwei Sekunden spritziger als die Limousine. Die Bereiche über 80 km/h werden den Plein Air-Besitzer nach anfänglichem Überschwang kaum mehr interessieren. Der bis zu den Türschwellen offene Viersitzer bringt es zwar auf 115 km/h, aber bei diesem Tempo zog es meiner Begleiterin die Bluse aus und mir das Hemd aus dem Hosenbund. So gesehen ist der halbnackte Renault nicht ganz jugendfrei.

Man kommt bald von selbst darauf, dass es besser ist, den Fahrtwind in seine Schranken zu verweisen und die Tachonadel nicht über 80 zu treiben. Ein sehr wohltuendes Tempo sind 60 leichtfüßige Sächelchen. Da wird man liebevoll umfächelt und braucht sich auch seine Kopfbedeckung nicht von Mopedfahrern nachtragen zu lassen, die sie irgendwo aufgelesen haben.

Der Plein Air ist ein vortrefflicher Aussichtswagen. Man müsste ihn an seinem Urlaubsort mieten können. Im Sommer ersetzt er die gute alte Kutschfahrt und an sonnigen Wintertagen die Schlittenpartie.

Man kann auf seinem motorisierten Kaffeehaus-Stühlchen auch Während der Fahrt ein Sonnenbad nehmen. Im Gegensatz zu diesem und jenem anderen Im-Freien-Sitzer hat er einen richtigen, abschließbaren Limousinenkofferraum. Der ist so wichtig, dass andere, lustig dreinschauende Strandwägelchen, die keinen Kofferraum haben, fast unbrauchbar sind.

Im Kofferraum verschließt man, während man badet, seine Garderobe. Im Kofferraum verstaut man die Einkaufstaschen, während man irgendwo seinen Espresso trinkt. Im Kofferraum hält man auf Überlandfahrten jene Kleidung und Ausrüstung bereit, auf die man im Falle eines Wetterumschlages zurückgreifen muss. Aus diesen naheliegenden Gründen möchte ich vor dem Kauf eines kofferraumlosen Jagd- und Strandwagens

COSTERO

ausdrücklich warnen. Ein ganz nutzloses Spielzeug ist der Plein Air somit nicht. Es gibt zweifellos Betätigungen, bei denen man gerade ihn braucht. Er ist unter anderem ein ernst zu nehmender Jagdwagen. Und er hat sogar ein Verdeck! Zwei Personen errichten es in etwa fünf Minuten. Bei Regen sitzt man dann beinahe im Trockenen, sofern das Auto sich nicht bewegt. Fährt man mit ihm über nasse Straßen, wird man von den Entgegenkommern und Überholern eimerweise mit Wasser beworfen. Das Verdeck ist somit eher als schattenspendendes Sonnendach zu gebrauchen.

Aber so wie auf jedem Schiff für jeden Passagier eine Schwimmweste bereitliegen muss, sollte man im Kofferraum seines Plein Air viermal Ölzeug oder andere wetterfeste Kleidung bereithalten. Das gehört zu einem solchen Fahrzeug in unseren Breiten so selbstverständlich wie Wagenheber und Reserverad.

Den drei Mitfahrern sollte man noch, sofern sich Renault nicht dazu entschließt, irgendwelche Haltegriffe spendieren. Man macht sich nämlich strafbar, wenn man Personen lose auf die Straße wirft, woselbst sie den Verkehr gefährden können. Die zu beiden offenen Seiten angebrachten Sicherheitsketten sind zwar groß dimensioniert, aber die Haken, mit denen man sie befestigt, sind so schwach wie Kaugummi. Kräftigere Haken muss das Werk auf jeden Fall springen lassen, sonst darf man ihm vorwerfen, dass es grobfahrlässige Transportgefährdung betreibt.

Wenn man den Plein Air sieht oder gar fährt; möchte man ihn unbedingt haben.

Er ist auch gerade noch erschwinglich (7048 Mark) und braucht mehr Sonne als Sprit. Der Plein Air ist noch sparsamer als die R 4-Limousine. Erstens, weil er leichter ist, und zweitens, weil man ihn zwangsläufig langsamer fährt. Mit lächerlichen 5 bis 6 Litern auf 100 Kilometer ist auszukommen. Und doch wird er mehr ein Spielzeug für besser Verdienende sein. Denn er ist, wie gesagt, mehr Dritt- als Zweitwagen.

Das Beste, was ich für ihn und für jene tun kann, die so gern mit ihm fahren möchten, ist wohl dies: Ich empfehle Autovermietern, Hoteliers und Campingplatzbesitzern, die ihre Geschäfte in halbwegs sonnigen Urlaubsgebieten betreiben, sich eine kleine Plein Air-Herde zu halten. Es gibt wohl nur wenige Autofahrer, die sich den Spaß, einen sonnigen Urlaubstag lang mit diesem fröhlichen Auto spazieren zu fahren, entgehen lassen. Jene, die draußen im Grünen wohnen und mit dem Gedanken spielen, sich ein Pferd anzuschaffen, verweise ich auf den Plein Air. Denn er ist ein Pferd für vier Personen, er ist eine Kutsche mit eingebautem Pferd, wie Sie wollen.

Übrigens, so offen, so im Freien sitzend, fuhren vor fünfzig Jahren alle Leute Auto, die Auto fuhren. Bei jedem Wetter! Damit ich es nicht vergesse: Das Erfreulichste am Plein Air ist, dass ein großes Automobilwerk die Idee hatte und den Mut und den Humor besitzt, ihn zu bauen. Was für ein Lichtblick in einer Zeit, in der die Limousinen wie Kochtöpfe gepresst und ausgespuckt werden.

8156-V92

KAPITEL 10

EXCALBUR SS

EXCALIBUR SS: ICH FUHR OPAS TRAUMWAGEN

Vor reichlich einem Jahr zeigte der STERN den amerikanischen Excalibur SS zum ersten Mal im Bild. Jetzt gibt es diesen nachgebauten Mercedes aus den Zwanziger Jahren auch bei uns. B. Busch erzählt, was er mit ihm erlebte.

Nachdem ich tagelang mit dem Excalibur herumgefahren und aufgefallen war, wusste ich eins ganz gewiss: Dieses Auto trifft das Kind im Manne mitten ins Herz. Doch diese Feststellung alleine ist noch nicht vollständig. Denn dieses röhrende Ding, das vor Kraft kaum laufen kann, wirft mit Sicherheit auch das Mädchen in der Dame um. Der wiederauferstandene »Mercedes SSK« übertraf einfach alles, was ich bisher am Steuer eines exklusiven oder auch verrückten Automobils erlebt hatte. Dieser neue alte Traumwagen rüttelte an mir wie ein mehrstöckiger Wodka auf nüchternen Magen. Er nahm mir den Atem, als wäre die Bardot in ihren besten Jahren; mit nichts weiter als einem lähmenden Parfüm, quer durch den Raum geschritten.

Der Teufel mag wissen, wie dies alles zustande kommt, denn nüchtern betrachtet ist der »Excalibur SS« ein unbequemes, lärmendes, rüttelndes und bockbeiniges Vehikel, das einen fast zerbricht, wenn man es über Hunderte von Kilometern reitet: eine Mischung aus einem Pferd, einem halben Büffel, zwei jungen Panthern, einer geriebenen Lokomotive

und einem harten Stuhl mit abgesägten Beinen, den man bei Regen ins Freie gestellt hat.

Was die Harley-Davidson für den Motorradfahrer, das ist der Excalibur SS für den Autofahrer – ein Büffel mit Motor und Sex, ein gekonnt veredelter Traktor. Im Grunde ist der Excalibur von dem Auto, das wir heute brauchen, genauso weit entfernt wie der SSK vom 230 SL. Bei Licht betrachtet und an seinem Preis gemessen ist er die größte Dummheit, die ein Käufer machen kann. Und doch möchte ich sie machen.

Er ist eine gelungene Kopie jener legendären Autos, die lärmten, hüpften und sich heftig sträubten, in eine Kurve hineingezogen zu werden. Er vermittelt uns das Gefühl von damals, als man sich noch richtig freute, wenn man heil ankam. Man schälte sich aus wetterfesten Hüllen, streifte die riesige Brille vom geröteten Gesicht, rieb sich den Rücken – und versuchte, die Leute zu verstehen, die den Mund bewegten. Dann sank man steifknochig in den nächsten Stuhl und fühlte sich, als hätte man hundert Eichen gepflanzt, einen Boxkampf gewonnen

oder mit acht Metern Schiff einen Sturm abgeritten.

Vor reichlich einem Jahr, als dieses Auto das Licht der Vereinigten Staaten von Amerika erblickte, fuhr ich mit ihm ein paar Runden durch den New Yorker Central Park. Aber ich kam gerade aus einem Lincoln Continental, dem Wagen der amerikanischen Präsidenten, und es war mir, als wäre ich aus einem Daunenbett heraus auf das Nagelbrett eines Fakirs geworfen worden. Und dann erlebte ich einen Tag später den Hexentanz, den Amerikaner jeglichen Alters und Geschlechts, jeder Hautfarbe und Religion um den Excalibur SS auf

der New Yorker Automobilausstellung aufführten.

Es war, als hätte man einen Marsmenschen präsentiert und den Preis drangeschrieben.

Der Schöpfer dieses Autos, das damals noch Studebaker SS hieß, stand herum wie einer, der bloß Pfannkuchen hatte backen wollen und dem statt Mehl Dynamit in den Teig geraten war. Brooks Stevens, drüben so bekannt wie hierzulande Pininfarina, Josef Neckermann oder Ferry Porsche (und im Übrigen so etwas wie eine Mischung aus diesen Männern), hatte es eigentlich gar nicht so gemeint. Er hatte ein nettes Späßchen machen wollen, eine Show. Doch überraschenderweise nahm man ihn beim Wort: Er musste das Ding bauen. Heute wird es von einem kleinen, sauberen Fließband geschubst. Ursprünglich hatte Brooks Stevens sein Auto aus Teilen zusammengesetzt, die von der Studebaker Corporation produziert und in Studebaker-Autos verwendet wurden. Aber noch ehe der Sturm auf den nachgemachten SSK begann, hörte Studebaker auf, Autos in den USA zu bauen – aus heiterem Himmel wie Borgward in Bremen –, und Brooks Stevens musste seine Teile in einem anderen Haus einkaufen. Er ging zu General Motors und holte sich den V-8-Motor des Chevrolet Corvette Sting Ray. Mit 5,4 Liter Hubraum und 300 PS in der zahmsten Ausführung (400 PS kommen aus der »heißen« Version heraus) verleiht dieses Triebwerk dem nur 1120 kg schweren Excalibur-Zweisitzer den Schub einer Mittelstreckenrakete.

Ich bin schon mit der heißesten Sting Ray-Version gefahren (von Antwerpen nach Rom, STERN-Leser erinnern sich vielleicht) und habe mich gewundert, welcher Lärm sich aus den sonst seidenweich arbeitenden amerikanischen Achtzylindern herausholen lässt. Aber im Excalibur SS, der aus sechs

ofenrohrdicken Auspuffschläuchen brüllt, als sollte er auf den Mond geschossen werden, feiert der wohltuende Lärm wahre Orgien. Es ist undenkbar, dass man als Mann von dieser Art Motorgeräusch nicht gefesselt wird. Ein wieherndes Pferd allererster Rasse klingt dagegen wie ein pfeifendes Meerschweinchen, und das Gebrüll eines hungrigen Löwen hat etwas Einschläferndes gegenüber diesem aggressiven und drohenden Klang. Das Auto erschreckte ganze Straßenzüge und weckte kleinere Ortschaften auf. Wo immer es zu röhren begann, bevölkerten sich die Fenster, aber-niemand warf irgendetwas auf mich herab. Ich hatte viel eher das Gefühl, dass die Leute dem Auto für sein Gebrüll dankbar waren, weil sie ohne diesen Lärm seinen Anblick versäumt oder gar verschlafen hätten. Damit Sie mich richtig verstehen: Es ist eine Art von Lärm, die man mag. Ein einzelnes, winziges Moped kann einem dagegen auf die Nerven gehen. Der Excalibur SS hat die Stimme eines Lawrence Winters, nicht den sägenden Ton der Beatles.

Schon im Leerlauf geht einem das dumpfe Blubbern durch und durch. Man legt dann über einen kurzen Schaltstummel einen Gang ein, genauer gesagt gibt man über diesen Stummel dem automatischen Getriebe einen Befehl. Er ist so gestaltet und auf dem Kardantunnel placiert, dass man ihn für echt hält. Niemand braucht über die Getriebeautomatik in diesem harten Roadster die Nase zu rümpfen, denn er käme notfalls auch ohne Getriebe aus. Das gewaltige Drehmoment des Motors, das einen Lastwagenwert von 48 mkg hat, bedarf keiner Übersetzung. Das automatische Getriebe ist mit einer normalen Fahrstellung und einer Last- oder Low-Stellung versehen. Wenn man die große Schau abziehen will, startet man mit Low und geht nach wenigen Sekunden auf normal. Das hört sich dann so an, als würde regelrecht geschaltet, und man erzielt einen sagenhaften Beschleunigungswert.

Laut Messung der Zeitschrift »Auto,

»EIN WIEHERNDES PFERD ALLERERSTER RASSE KLINGT DAGEGEN WIE EIN PFEIFENDES MEERSCHWEINCHEN...«

Motor und Sport« ist der Excalibur in 16,6 Sekunden auf eine Geschwindigkeit von 160 km/h zu bringen. Der Mercedes 230 SL braucht volle 10 Sekunden länger. Die Spitzengeschwindigkeit des Excalibur liegt in der getesteten 300

PS-Ausführung bei über 200 km/h. Um dieses Tempo zu fahren, sollte man allerdings vorher die Strecke abschreiten und jede Fahrbahnunebenheit beseitigen. Schon bei 180 km/h, die ich ungeniert und fröhlich fuhr, wo immer es ging, macht das Auto muntere Sprünge, die es aus der Spur heben und mit größeren Kursänderungen gekoppelt sind. Offenbar hat Brooks Stevens alles versucht, seinem Zirkuspferd das Fahrverhalten von damals zu geben. Lenkung und Federung sind ihm beinahe stilecht gelungen. Damals wurden solche Autos mehr geritten als gefahren. Den Rennfahrern jener Jahre – und der SSK war Sport-und Rennwagen zugleich – fiel die Haut in Fetzen von den Handflächen, und die Schuhsohlen brannten durch, so heiß wurde der Motor. Nur die Bremsen hat Brooks Stevens jenen Jahren nicht nachempfunden. Der Excalibur SS hat Scheibenbremsen vorn und Trommelbremsen hinten, und sein Bremsvermögen wird seinem unbändigen Temperament vollkommen gerecht. Dafür muss man dankbar sein. Denn heute taucht wohl zweihundertmal häufiger als damals ein Hindernis auf.

Damals, im Jahre 1926, wurde nach Fusion der Marken Daimler-Motoren-Gesellschaft und Benz & Cie das heute noch gültige Markenzeichen, der Dreizackstern im Lorbeerkranz mit der Rundumschrift »Mercedes-Benz« geschaffen. Und von diesem Jahr an begannen die berühmten Modelle »K«, »S«, »SS«, »SSK« und »SSKL« die Herzen aller, für die Benzin das einzige und beste Parfüm der Welt war, zu erobern. Es ist lange her,

so lange, dass wir es uns gar nicht so recht vorstellen können. George Bernhard Shaw wurde gerade siebzig, und der »Eiserne Gustav«, der berühmte Berliner Kutscher, fuhr mit seiner Pferdedroschke von Berlin nach Paris. Auf die Frage eines französischen Zöllners: »Sprechen Sie Französisch?« antwortete er schlicht und schlagfertig: »Yes!« 12 927 deutsche Hebammen (die Zahl stimmt) erklärten Kathreiners Malzkaffee zum idealen Getränk für Wöchnerinnen, und Fritz von Opel erreichte mit seinem »durch Rückstoß explodierenden Pulvers angetriebenen Raketenauto« auf der Avus 195 km/h. Damit hielt er das Herzklopfen der Nation in Gang, das der berühmteste Luftschiffer aller Zeiten, der deutsche Dr. Eckener, durch seine Zeppelinreise nach Amerika ausgelöst hatte. In diesen Jahren war das populärste deutsche Automobil der 12-PS-Opel-Zweisitzer, Laubfrosch genannt, der etwa viertausend Mark kostete. Wer sich den 185 m/h schnellen Mercedes »SS« leisten wollte, der musste allein für das Chassis, ohne Aufbau, einunddreißigtausend Mark hinlegen.
Rudolf Caracciola begann, auf den »S«- und »K«-Modellen zu siegen und den Grundstein für seine Karriere zu legen. Einen »S« oder »SS« konnte man, ohne zu schalten, im vierten Gang von 0 auf 165 km/h beschleunigen. Die Kraft dazu kam aus 7,02 Liter Hubraum und belief sich auf 225 PS bei eingeschaltetem Kompressor.
Die silberglänzenden, aus der Motorhaube herausragenden Auspuffrohre

wurden damals zum Symbol der Kompressorwagen, für Riesenmotorkräfte und sagenhafte Geschwindigkeiten. Sie waren auch im Jahre 1938 beim »Großen Mercedes mit Kompressor« noch zu finden und gerieten erst bei Kriegsausbruch aus der Mode.

130 MARK FÜR JEDES PFERD

»S«-, »SS«- und »SSK«-Wagen sind heute unter Liebhabern klassischer Automobile seltene, kaum bezahlbare Leckerbissen. Ein echter »SSK« ist nicht einmal im Daimler-Benz-Museum anzutreffen. Der einzige im Lande verbliebene steht im Deutschen Museum in München, aber in Amerika sieht man sie hier und da in ihrer alten, unnachahmlichen Pracht über den heißen Beton der kalifornischen Pisten fahren. Wer drüben war und über Autos sprach, der weiß, dass sich die Amerikaner besser in unserer automobilen Vergangenheit auskennen als wir. Und sie haben den Mut, den Nerv und natürlich auch das Geld, sich alte, berühmte Automobile zu halten.

Seit ich den Excalibur SS fuhr, gibt es in meinem engeren Bekanntenkreis rund ein Dutzend Männer, die unruhig schlafen und über die Verwirklichung ihres Traumes nachsinnen: einen Excalibur zu besitzen!

Das Kind im Manne wünscht sich wohl nichts sehnlicher als diese dreihundert Pferde, die durch die silberglänzenden Ofenrohre wiehern. Aber jedes einzelne von ihnen kostet rund 130 Mark, und man muss sie geschlossen nehmen, alle dreihundert, oder noch mehr.

Drüben ist der Excalibur SS mit seinem Preis von 7250 Dollar viel billiger. An der ehrlichen Relation gemessen kostet er da für den Mann etwa 18 000 bis 20 000 Mark. Im will nicht behaupten, dass dies ein echtes Sonderangebot ist, aber es ist immerhin bedeutend weniger als 38 900 Mark. Zwanzigtausend kann sich ein gut verdienender Junggeselle notfalls abhungern, aber bei neununddreißig streikt wohl am Ende auch noch sein Verstand. Dennoch braucht sich Dr. Oskar Trost, der Europa-Importeur des Excalibur, nicht zu sorgen. In kurzer Zeit hat er bereits ein Dutzend an den Mann gebracht, und es werden zweifellos noch mehr Bestellungen bei ihm eingehen.

Immerhin hat Fürst Rainier III. von Monaco den Anfang gemacht, ein Neffe Francos und der britische Rekordfahrer Campbell folgten, bis jetzt haben acht bundesdeutsche Goldjungens nachgezogen, und der Excalibur ist gerade erst im Begriff, sich rumzusprechen.

Was macht man mit ihm, wenn man ihn dann wirklich hat? Nur wenige werden täglich damit ins Büro oder auf Geschäftsreise fahren. Dazu müsste man schon sehr ausgeruhte Nerven haben und eine stählerne Wirbelsäule, die auf den ärgsten Knuff gefasst ist. Männer mit Zahnprothesen sind übel dran, weil der Excalibur während der Fahrt ständig derart vor sich hin zittert, dass es schwierig ist, von ihm eine Fahraufnahme zu machen, die nicht verwackelt ist. Dieses ständige, intensive Vibrieren bleibt auch auf allerlei Schrauben und Bolzen, die ihn zusammenhalten, nicht ohne Einfluss. Hier und da löst er sich manchmal ein wenig auf, und man tut gut daran, ihn alle zweihundert Kilometer anzuhalten

und mit einem Schraubenschlüssel zu umrunden. Gewisse Dinge wie Scheibenwischer, Windschutzscheibe, Verdeckgestänge und Sitzbeschläge lassen sich nach einiger Übung allerdings auch während der Fahrt wieder anschrauben. Ich habe es darin schon nach wenigen hundert Kilometern zu artistischer Fertigkeit gebracht. Er hält den Mann auf jeden Fall wach und bei Reaktion.

Man sitzt hart neben dem tiefen Karosserieausschnitt und sieht das linke Vorderrad tanzen, kontrolliert wohl auch bei 160 mit einer leichten Drehung des Kopfes das hintere Reifenprofil oder fühlt im Zweifelsfalle am Auspuffrohr nach; ob die Betriebstemperatur stimmt. Beim Ampelstopp kann man die Zigarettenkippe, ohne sich zu verrenken, auf dem Straßenpflaster ausdrücken. Wird man unterwegs, etwa auf der Autobahn, von Regen bis hinauf zum Wolkenbruch überrascht, so erübrigt sich ein Aussteigen so lange, wie man das Fahrzeug in einem Geschwindigkeitsbereich zwischen 140 und 160 km/h halten kann. Man sitzt dann absolut trocken und fährt gewissermaßen unter dem Regen hindurch. Beim

geringsten Kolonnenstopp hört der Spaß dann allerdings auf, man schert aus und beginnt, das Verdeck aufzustellen. Es macht genauso viel Spaß und abgebrochene Fingernägel wie damals.

Ein besonderes Vergnügen bereitet der Excalibur seinem Besitzer bei Nachtfahrten, möglichst in den Bergen. Vor dem Kühler sitzt nämlich ein Weitstrahl-Scheinwerfer, der mitlenkt, der mit den Vorderrädern in die Kurven hineinsticht und nicht geradeaus glotzt wie jeder gewöhnliche Scheinwerfer. Allerdings ist er so giftig, dass man ihn nur dann benutzen kann, wenn man ganz allein durch die Gegend fährt. Dem Gegenverkehr würde er nicht bekommen, denn er könnte minutenlanges Erblinden auslösen.

EXCALIBUR EMPFEHLENSWERT?

Wenn Sie mich fragen, ob Sie sich einen Excalibur SS kaufen sollen, so kann im Ihnen nur zuraten. Vorausgesetzt, Sie besitzen schon mindestens zwei Autos, mit denen Sie Ihre normalen Besorgungen, wie Stadtfahrten oder Fernreisen, erledigen können. Außerdem muss Ihre Frau einen eigenen Wagen haben, weil sie niemals in die Verlegenheit kommen darf, sich ans Steuer des Excalibur zu setzen. Es gibt nur ganz wenige weibliche Stierkämpfer, wie man weiß.

Ich empfehle Ihnen, sowie Sie das Auto haben, den echten MercedesStern draufzuschrauben, das erhöht den Reiz beträchtlich. Ich habe den Excalibur dem hohen Daimler-BenzStab vorgeführt und Professor Nallinger gefragt, ob er dem Excalibur, der so viel Reklame für die MercedesTradition macht, nicht offiziell den Stuttgarter Stern verleihen möchte. Aber der Professor, der einst selbst an den harten Lenkrädern solcher Autos saß und der ein verräterisches Aufleuchten seiner Augen ebenso wenig verhindern konnte wie Versuchschef Uhlenhaut, sah sich dazu leider außerstande. Als der schnelle Uhlenhaut in den Excalibur kletterte und ein paar Platzrunden vor dem Sindelfinger Verwaltungsgebäude drehte, gab mir Professor Nallinger einen leichten Rippenstoß. Er deutete an der Fensterfront des riesigen Gebäudes empor und sagte: »Da, sehn Sie mal, was uns der Spaß kostet ... « Und ich sah, dass die Fenster angefüllt waren mit der großen Schar der weiß bekittelten Mercedes-Konstrukteure. In diesem Augenblick waren mit Sicherheit alle Reißbretter verwaist. Die Daimler-Benz-Entwicklung stand still.

UND WER BAUT FÜR UNS DEN DIXI?

Ich gebe zu, es hat keinen Zweck, dem guten alten SSK nachzuweinen. Man kann weder das Rad der Geschichte noch das der technischen Entwicklung zurückdrehen. Viele SSK auf unseren Straßen könnten zur Belästigung werden, und im rauhen Verkehrsalltag wäre nicht einmal ihren Besitzern wirklich gedient. Aber die wenigen Excalibur, die es geben wird und denen wir manchmal begegnen werden, sollten wir akzeptieren.

Sie sind die Rosinen in einem immer fader schmeckenden Brei von Massenautomobilen.

Dass der Excalibur ein fabrikneues Auto ist, frisch vom Band, glaubten mir die wenigsten. Die Leute die sich neugierig um mich scharten, hielten ihn für ein Auto jener Jahre und wollten immer wieder wissen, wie ich ihn denn so gut wieder hingekriegt hätte. »Was läuft er denn noch?« war die Standardfrage. Und als ich dann wahrheitsgemäß antwortete »etwa 220«, da hielten sie mich wohl für einen Spinner. Doch wenn ich ihnen mit einem Blitzstart davonfuhr oder wenn ich auf der Autobahn mit munteren 180 Sachen an ihnen vorbeiflitzte, mögen sie ausgerufen haben: »Donnerwetter, das waren noch Zeiten!«

Vielleicht kommt nun mal einer, der den kleinen 15 PS Dixi nachbaut, oder den Laubfrosch von Opel, fabrikneu, zweisitzig, offen – für den Preis eines Volkswagens?! Ich bin sicher, dass ein solches Auto ebenso viel Spaß bringen würde wie der Excalibur-Büffel aus den USA. Es sind nicht nur die Schlager jener Jahre, die wiederkommen. An der Schwelle zum Weltall versucht der Mensch, der Zukunft ein Schnippchen zu schlagen und noch ein klein wenig im Schein einer Petroleumlampe zu träumen. Wer ihm das Spielzeug liefert, das er dazu braucht, der macht bestimmt ein gutes Geschäft.

KAPITEL 11

DAS COUPÉ

OA 3354

DAS COUPÉ, ODER: DANKE, DAS GENÜGT! ÜBER DIE GENIALE METHODE, FÜR WENIGER LIMOUSINE MEHR GELD UND MEHR BEIFALL ZU BEKOMMEN

Ein Coupé zeichnet sich am Besten. Die Proportionen lassen sich so schön verteilen – das Ergebnis wird meistens bejubelt. Auch Hunde mit kupiertem Schwanz sind beliebter als langschwänzige. Sie sehen irgendwie pfiffiger aus.

Betrachten wir die Dinge doch mal so: Der fünftürige Kombi ist das gescheiteste Automobil. Sein Nutzwert ist unbestritten. Er wird nur vom Van übertroffen, den es zu Oldies Zeiten aber noch gar nicht gab. Danach kommt die viertürige Limousine mit ausreichendem Kofferraum. Alles Notwendige ist drin und dran. Die Familie kann gut mit ihr leben. Dann die zweitürige, deren Fond-Passagiere zu Hürdenläufern degradiert werden. Aber immerhin, es kommen alle mit.

> »ERST DANN FOLGT DAS COUPÉ, IN DEM, WENN ES EIN 2/2-SITZIGES IST, AUCH MAL BEINAMPUTIERTE ZWERGE MITFAHREN KÖNNEN.«

Erst dann folgt das Coupé, in dem, wenn es ein 2/2-sitziges ist, auch mal beinamputierte Zwerge mitfahren können. Und am Schluss kommt der Roadster als Gipfel der Unvernunft – eng und zugig und nass, und deshalb vor Zeiten die billigste Modellvariante im Programm und später, aus der Erkenntnis heraus, dass man mit ihm auf Gimpelfang gehen kann, die teuerste. Er ist so viel weniger Limousine und auch nochmal weniger Coupé, dass er bald Narrenfreiheit genoss wie ein Gaukler. Auch ich fiel und falle bevorzugt auf ihn herein.

Es ist da wie mit den jungen Dingern im Minirock, die weder kochen noch Strümpfe stopfen noch die Treppe wischen können. Und doch laufen sie der viertürigen Hausfrau den Rang ab. Damals schon, als sie zwar keinen Mini, aber hauchdünne Kleidchen trugen, die der Wind an den Körper presste oder gar liftete, weshalb wir Rad fahrenden Jünglinge uns auf den Sommer freuten wie die Roadsterfahrer unserer Tage.

Cabrios und Cabrio-Limousinen sollen hier außen vor bleiben, weil sie im Grunde doch nur Limousinen sind, die mit offener Bluse herumlaufen, wenn die Sonne scheint.

Was nun ist das Coupé? In gestelzter Werbung hieß es immer: Das Automobil für den, der das Besondere liebt. Er leidet meist sehr darunter, dass er sich nicht darin fahren sehen kann, außer im Wachtraum kurz vor dem Einschlafen. Deshalb betrachtet er sein Coupé zwangsläufig stundenlang im Stand.

Es lebt davon, dass es schön ist und anders als nur die Limousine. Manches Mal gleicht es einem Kunstwerk, das man, ganz und gar versilbert, auf einen Marmorsockel stellen möchte. Wenn es, weil in Kleinserie so gut wie handgefertigt, viel intensiver durchgerostet ist als die Limousine vom Band, steht es da auch am sichersten.

Nicht jedes von der Limousine

abgeleitete Coupé ist eine Augenweide. Es gab den Opel Rekord in Coupé-Version, dem man nur das Limousinendach gekürzt hatte. Er sah aus, vor allem in Weiß mit schwarzem Dach, wie ein Schuhkarton mit Baskenmütze. Ich weiß noch mehr solcher Beispiele, aber was soll's, wir lieben sie alle.

Damit einem die Coupés auf der Zunge zergehen und nicht im Halse stecken bleiben, müssen wir sicherheitshalber nach Süden gehen. Über die Alpen hinweg. Dahin, wo das Blech nicht gepresst, sondern eher geschneidert wurde. Und wo man viel lieber Coupé fuhr und Limousine (bevorzugt in Schwarz oder elegantem Tiefdunkelblau) als Roadster.

Ein Tatbestand, der mich, der ich sonnenhungrig halbnackt in weit offenen Wagen da unten herumtobte, stets verblüffte. Bis ich einsah, dass die dunkel und korrekt gekleideten Italiener und ihre Damen mit ihrem vom

Schatten verwöhnten alabasterfarbenen Teint sich nicht leichtfertig der Sonne aussetzen durften. So war das in jenen Jahren, als auch der Vespa fahrende Jüngling noch Krawatte trug und man sich für den kleinen, aber viertürigen und natürlich schwarzen Lancia einen Chauffeur hielt. Zutiefst gebräunt waren nur Bauern, Maurer und Straßenarbeiter, die sich auf Eseln, Guzzis, bellenden Mopeds und winzigen Dreirädern fortbewegten. Und natürlich die Bademeister, Liegestuhlaufsteller sowie anderen Papagalli, nach denen sich die Touristinnen so intensiv umdrehten wie wir Männer nach den Coupés vom Schlage eines Flaminia.

Da sind wir endlich wieder beim Thema. Die Dottores, Commendatores

und Ingenieres hockten sich um keinen Preis in einen Roadster. Ihr Statussymbol war das handgeschneiderte Coupé, bevorzugt vom kleinen Mehl (Pinin = klein, Farina = Mehl).

Als ich mit einem der ersten Sting Ray (mit geteiltem Heckfenster) auf der Via Veneto auftauchte und Wunder dachte, welche Schau ich da abzog, hoben diese Herren auf ihren Caféhaus-Stühlchen wohl nur eine Augenbraue und murmelten auf italienisch »Tsih-tsih-tsih« oder so.

Es irritierte mich nicht, weil die Reaktion der Damen eine entgegengesetzte war, indem sie in den Sting Ray hineindrängten von Marisa Mell bis Sandra Milo. Und das waren damals Namen! Die Lollo war gerade verreist. Mir wurde dennoch bewusst, dass Coupé

nicht gleich Coupé ist. Und diese Erkenntnis gilt in Kennerkreisen noch heute.
Wohl dem also, der eines der Edlen sein Eigen nennen kann. Es darf auch einen Stern tragen. Hauptsache, er betritt es nicht in zerbeulten Jeans, Turnschuhen und Rolli. Ein edles Coupé verpflichtet zu einem standesgemäßen Auftritt, weshalb ich noch immer kein solches besitze. Auch meine Corvette ist offen. Man kann sie, wie einen MG oder Alfa Spider, ohne Krawatte fahren.
Ich entsinne mich aber auch, dass jene, die sich im Vollbesitz ihres Führerscheins der Klasse IV an Stelle des Goggomobils das Goggo-Coupé kauften, dieses nur in feinstem Zeug bewegten. Vor allem sonntags.
Solch eine erzieherische Wirkung hat das Coupé. Meine Damen, wenn Sie das schlampige Auftreten ihres Roadster fahrenden Gatten stört, schenken Sie ihm ein Coupé! Ein edles, keines, das Krawall macht und tiefer gelegt und mit Schalensitzen bestückt ist. Darin verkommt er nur noch mehr.
Wenn Sie Glück haben, sieht er künftig aus wie Vittorio de Sica, Marcello Mastroianni oder Giovanni Agnelli. Und nicht mehr wie Jean-Paul Belmondo nach einer besonders heftigen Keilerei.
Nein, das 1946er Hudson Super 6 Coupé in meinem Museum können Sie nicht kaufen. Da will ich selbst mal drinsitzen, wenn es mir aus Altersgründen in meinen Roadstern zu sehr zieht. Aber das hat noch Zeit.

X 75

KAPITEL 12

WER WIND SÄT...

ÜBER DIE AERODYNAMISCHE ENTWICKLUNG DER AUTOS: WER WIND SÄT…

»In Selbsthilfe«, sagte er, »habe ich den Spritverbrauch meines Wagens um zehn Prozent gesenkt.« Weil er zu denen gehört, die ansonsten kaum Schwachsinn verbreiten, horchte ich auf. Über Nacht, ohne einen Schraubenschlüssel anzusetzen, ohne irgendein ominöses Bauteil zu verwenden, hatte er es geschafft.

»Und es sind nochmal zehn Prozent drin.« »Also 20«, stutzte ich. Er nickte. Manche können wortlos so überzeugend nicken, dass man es ihnen aufs Wort glaubt. »Ich fahre ab sofort statt 2000 Kilometer im Monat nur noch 1800«, begann er, es mir zu erklären. »Die 200, die ich einspare, kommen so mühelos zusammen, dass es mir auch noch Spaß macht.«

Er hatte sein sonntägliches Ausflugs-Lokal um nur 25 Kilometer zurückverlegt. Und das, was er da neu entdeckt hatte, gefiel ihm sogar noch besser, zumal es auch von hübscheren Wanderwegen umgeben war.

Vier Sonntage zu je 25 Kilometern hin und zurück, das waren sie denn schon, die eingesparten 200. Als er dann mit einer Aufzählung von Möglichkeiten begann, wie Sie und ich es ihm mühelos nachmachen könnten, hörte ich schon nicht mehr zu. Er hatte mir ein Stichwort gegeben, und ich war voll auf meinem Steckenpferd abgefahren. Ich sah es wieder einmal gerettet, das »unvernünftige« Automobil, jenes, das im Windkanal mit Pauken und Trompeten durchfallen wurde, weil es nicht wie eine trockene Semmel, sondern wie ein Tortenstückchen aussieht.

Blasen Sie mal ein offenes Käfer-Cabriolet an. Oder eine Ente. Oder einen Suzuki Eljot. Oder einen Alfa Spider. Sie werden sich wundern. Und Sie werden, falls Sie die Sache ernst nehmen, sich wünschen, ein Huhn zu sein. Ein ungeborenes, noch

»BLASEN SIE MAL EIN OFFENES KÄFER-CABRIOLET AN. ODER EINE ENTE. ODER EINEN SUZUKI ELJOT. ODER EINEN ALFA SPIDER. SIE WERDEN SICH WUNDERN. UND SIE WERDEN, FALLS SIE DIE SACHE ERNST NEHMEN, SICH WÜNSCHEN, EIN HUHN ZU SEIN.«

Audi

SALAMANDER-SCHUHE
SALAMANDER
IA-126403

DKW
V 1255

im Ei. Oder eine ungeöffnete Banane. Vielleicht auch wären Sie gern als Gurke zur Welt gekommen. Dennoch wären Sie mir als dreistöckiges Sandwich lieber. Da habe ich mehr davon. Merkwürdige Sachen gibt's doch. Da fahre ich manchmal mit meinem 30 Jahre alten Mercedes 170 D spazieren, dem hübschen, offenen, viertürigen Tourenwagen, Rund um den Bodensee, und dann über die Deutsche Alpenstraße. Mein Gott, macht das Spaß. Und was kostet das? Halten Sie sich irgendwo fest: Es kostet mich sieben Liter auf 100. Aber – blasen Sie mal, da stürzt der Windkanal ein. Also ist dieses Auto der reine Wahnsinn, nüchtern betrachtet. Aber unterwegs werde ich von so vielen beneidet, die dann mit angelegten Ohren in ihren Nistkasten schlüpfen und mit eingezogenem Kopf und verbogenen Nackenwirbeln versuchen, die Bergwelt ebenso zu sehen wie ich.

Dabei sind sie noch gut dran. Die flunderförmigen Limousinen stehen uns ja erst bevor. »Aber im Windkanal«, so müssten sie eigentlich zu mir sagen, »im Windkanal sollten Sie mich mal sehen!«. Na da pfeif' ich doch drauf, denen im Windkanal zu begegnen.

Neulich träumte ich alb: »Es ist im Grunde ganz einfach«, sagte in einer Fernsehdiskussion zum Thema Energiesparen ein amerikanischer Professor, »das Haupthindernis ist der Mensch. Er ist zu groß, zu sperrig. Man könnte, nein, man sollte ihn mit Hilfe eines leicht zu findenden Anti-Wachstumts-Hormons, eines Wachstum-Killers, um es mal populär auszudrücken, um die Hälfte

verkleinern. Er wäre dann auch um die Hälfte leichter. Ein erheblich handlicheres Transportgut als der heutige Mensch. Die Autos kämen mit den halben Abmessungen, wohl auch mit dem halben Eigengewicht und mit der halben

Zuladekapazität aus, also auch mit der Hälfte Energie. Auch der Wohnraum, den der Mensch beansprucht, könnte dann um die Hälfte reduziert erden, und es liegt auf der Hand, dass sich kleinere Räume sparsamer beheizen lassen.«

»[...] DA SCHWENKE ICH DOCH LIEBER DIE GUTEN, ALTEN AUSSTELLFENSTER RAUS, DA GUCK ICH DOCH LIEBER DURCH EINE GROSSE, STEILE HECKSCHEIBE NACH HINTEN, ALS DURCH EINEN SPOILER-SCHLITZ [...]«

Ich erwachte schweißgebadet, aber zum Glück war meine untere Hälfte noch da. Wie hätte ich sonst Gas geben sollen? Der Mensch. Um ihn herum muss das Automobil nach wie vor gebaut werden. Und es muss sich den Bedürfnissen des Menschen anpassen, der auch mal etwas reinladen und der auch mal genüsslich rausgucken will. Ich befürchte, man ist im Begriff, ihn als Rohrpostbrief zu handhaben. Er ist aber in meinen Augen ein Wertpaket. Er ist der Maßstab.

Der Mensch will in seinem Automobil auch belüftet werden. Deshalb lehne ich die Käseglocke ab. Es gibt schon zu viele Autos, in denen man im Kolonnenverkehr, in dem das Auto seine cW-bedingten Einsparungen gar nicht erbringen kann, beinahe umkommt, weil einfach keine Luft reinkommt.

Und Kolonnenverkehr doch schon

beinahe gleichbedeutend mit Alltags-Nahverkehr. Also mit der täglichen Fahrt zur Arbeit und zurück.

Da sitze ich doch lieber ein bisschen höher über den wabernden Abgasen, da lege ich doch lieber den Arm aufs Fensterbrett, da schwenke ich doch lieber die guten, alten Ausstellfenster raus, da guck ich doch lieber durch eine große, steile Heckscheibe nach hinten, als durch einen Spoiler-Schlitz, da überschau' ich doch mein Auto lieber, als dass ich keine Ahnung habe, wo die Flunder vorne und hinten aufhört.

Da sehe ich doch schon, wie Vater nach Büroschluss entnervt von München nach Frankfurt fährt, um Sprit sparen. Wo das neue Auto doch so teuer war, und es sich im Alltagsverkehr ums Verrecken nicht bezahlt machen will. Und überhaupt – ein neues Modell, aus dem man seiner ausgetüftelten Heckspoilerei wegen nach hinten kaum noch rausgucken kann, sollte aus Gründen der Sicherheit erst gar keine Allgemeine Betriebserlaubnis erhalten. Und zur Sicherheit gehört ebenso, dass ich bei Sonneneinstrahlung nicht belästigt werde, also auch nicht gezwungen bin, meine Sichtmöglichkeiten durch das Anbringen von allerlei Jalousien und Blenden zu beeinträchtigen.

Man nehme sich doch bitte einmal die in Aussicht gestellten Wind-Mühlen nach solchen Gesichtspunkten vor. Wie die tiefliegenden Karosseriebäuche durch den Wind kommen, das ist mir schon klar, aber wie sie durch den Winter kommen sollen, das ist für mich, der ich in den Bergen wohne, ein Rätsel.

Darüber und über so manches andere, das heute im Windkanal missgeboren

»DIESE EINE FREUDE AN DER TANKSTELLE, WO ICH EIN PAAR LITER WENIGER BEZAHLEN MUSS, GENÜGT MIR ÜBERHAUPT NICHT«.

wird, mögen mich die Aerodynamiker doch bitte aufklären, bevor sie ganz zur Luftfahrt-Industrie überwechseln.
Man schwelgt im Übertreiben. Holt die Jungs auf die Straße zurück. Meister Colani will uns gar wieder in Schneewittchensärge zwängen, wobei ihm Fahrmaschinen wie der Messerschmitt-Kabinenroller vorschweben, die wir akzeptierten, weil wir damals ganz arm dran waren. Heute könnte aber schon Citroëns geräumiger 2 CV mit einem, wie man weiß, durchaus realisierbaren, etwas ökonomischer arbeitenden Motor sparsamer fahren als jene Kabinen damals.
Vernünftig zurechtschleifen soll man

den menschengerechten fahrbaren Raum im Windkanal schon, aber dabei darf das Transportmittel Automobil nicht degenerieren. Und dabei muss es Freudenspender bleiben. Diese eine Freude an der Tankstelle, wo ich ein paar Liter weniger bezahlen muss, genügt mir überhaupt nicht. Denn diese paar Liter habe ich längst im Gasfuß. Was sich an Motor und Kraftübertragung machen lässt, ohne unser Auto sinnlos zu verteuern, das soll gemacht werden. Aber das Blech darf nur so weit verbogen werden, wie es der Mensch als Maß und seine Bedürfnisse erlauben.

Da haben auf dieser IAA wieder einmal eine Menge Leute zu früh und zu leichtfertig gejubelt. Ich setze einen Dämpfer drauf, denn wir müssen das Automobil scharf im Auge behalten, damit es nicht auf die schiefe Bahn gerät – wie so manches hübsche Ding.

KAPITEL 13

KEIN TAXI IN SICHT

TAXI
S-Y 9902

KEIN TAXI IN SICHT

Früher war das so geregelt, dass man die herbeigerufene Taxe bestieg. Am Ziel angekommen, entstieg man ihr wieder. Das ist lange her. Heute ist das wesentlich verzwickter. Man krabbelt hinein und windet sich heraus. Das wird noch lange so bleiben.

Aus einer erhabenen Geste ist unterwürfiges Gekrabbel geworden. Wir kauern auf dem Bordstein nieder wie muselmanische Bazarschuster und senken das Haupt, als sollte es uns vom Rumpfe getrennt werden. Unsere Gebeine verwandeln sich in ein Scherengitter, was Schwierigkeiten bereitet, wenn es bereits rostig und schwergängig geworden sein sollte. Aber auch mit geschmierten Lagern und Kreuzgelenken haben wir genügend zu tun. Unser Körper macht Moto-cross.

»DIE TÜR WILL ZUSCHLAGEN UND UNS DAS SCHIENBEIN ZERTRÜMMERN, UNSERE MANTELZIPFEL VERMÄHLEN SICH INNIG MIT DEM SCHMUTZ DER GOSSE.«

Mit einer Hand müssen wir den Hut festhalten – am besten abnehmen und wegwerfen, zumal wir ihn weder drinnen noch beim Rauskrabbeln auf dem Kopf haben dürfen - und die andere Hand muss vielerlei tun. Die Tür will zuschlagen und uns das Schienbein zertrümmern, unsere Mantelzipfel vermählen sich innig mit dem Schmutz der Gosse, und unser gequälter Körper, in eine recht ungewohnte Lage gebracht, schreit nach dem dritten Bein. Das haben wir nicht, sehr zum Leidwesen der Schuhindustrie, und müssen deshalb die Hand wie ein Spornrad ausfahren und eine Bauchlandung auf dem Sitz versuchen. Dabei klemmt die nunmehr mit Wucht zuschlagende Tür (immer weht irgendein Wind um irgendeine Ecke) unser Leitwerk ein...

Das Ganze, was wir eben taten, war weiter nichts, als daß wir uns vor dem Moloch »Mode« im Staube wälzten, denn es hatte weder etwas mit Fortschritt noch mit technischer Notwendigkeit zu tun. Nichts gegen die Taxifahrer, das sind brave Menschen, die sich lediglich hin und wieder eines etwas eigenartigen Fahrstiles befleißigen (hier und überall in der Welt, wahrscheinlich auch auf der Venus). Nichts gegen sie, aber alles gegen die Gefährte, in denen und mit denen sie ihrem Gewerbe nachgehen. Diese Fahrzeuge

LIMOUSINE
THE
DeLuxe
Cab
Co.
CHERRY
4900
88

sind so töricht wie ein Kinderwagen mit Sperrdifferential oder ein Geldschrank in Stromlinienform.

Sie entsprechen nämlich ihrem Verwendungszweck in keiner Weise. Es gibt Leute, die haben das noch gar nicht gemerkt. Das sind die Marktforscher. Die sind noch nicht nach Untertürkheim, München, Köln, Rüsselsheim und Bremen gegangen, haben denen auf die Schultern getippt und gesagt: Hallo, wir brauchen eine Taxe!

Also weiß es noch keiner. Nur der Mercedes für den Herrn Bundeskanzler ist etwas höher und länger geworden (von wegen dem rostigen Scherengitter) und bei BMW hatte man für die gleichen Scharniere etwas Längeres und Höheres gebaut, ohne es aber mangels Kenntnissen in der Leihwagenbranche an den Mann bringen zu können. Das war alles, und auch der Bremer Pullman pullt nicht mehr, es war ihm nie so recht gelungen. Blieben die Karosseriefabriken, aber die machen aus geräumigen Viersitzern enge Zweisitzer und bauen uns auf Wunsch ein Torfklosett in den Kofferraum – von da haben wir auch keine Taxe zu erwarten.

Was gab es damals eigentlich? Zum Beispiel den Adler Favorit. Da konnte eine ganze Trauergemeinde aufrecht stehend

mit Zylinder einen Choral drin singen. Das waren Zeiten. Und trotzdem – eine ideale Taxe war das auch nicht, denn vom Fahrer wurde offenbar erwartet, dass er der Angehörige eines innerafrikanischen Zwergenvolkes sei. Er konnte weder seinen Sitz, noch das brustkorbhohe Lenkrad verstellen und litt nach einer halben Stunde Fahrt an geschwollenen Knien, Magendrücken und unter der Wahnvorstellung, zwischen zwei Güterwagen geraten zu sein, deren Abstand sich langsam verringert ...

Darum machten damals die Taxifahrer während ihrer Dienststunden so viel andere Sachen, sozusagen als Ausgleichssport. Sie saßen auf dem Trittbrett und zeichneten (können sie heute nicht mehr, weil es kein Trittbrett mehr gibt) und wurden berühmte Karikaturisten, oder sie sangen sogar während der Fahrt und wurden berühmte Tenöre (geht heute auch nicht mehr, weil es die Trennscheibe nicht mehr gibt) oder sie zertrümmerten irgendetwas und wurden Atomforscher – das gibt es heute alles nicht mehr. Aber die mitfahrende Trauergemeinde fand wirklich ideale Bedingungen vor. Aufrechter Einstieg, zusätzliche, ausklappbare Notsitze, Zylinder kann oben bleiben, Kranz kann mit rein, der schwarze Anzug wird nicht

199750 TO

zertrümmert, und Tante Frieda kommt sogar ohne fremde Hilfe wieder raus.

Sie kennen Tante Frieda? Es ist jene Dame, die Ihnen im Jahr 1928 ein Telegramm schickte und die Sie vom Bahnhof abholen müssen. Ihren 8/40er Opel haben Sie vor einer Stunde eigenhändig gewaschen, und nun regnet es. Also nehmen Sie eine Taxe. Damals ging man zu Fuß, wenn es regnete, um sein Auto zu schonen. Damals glaubte man, das Auto sei eine Anschaffung fürs Leben und man könne es noch seinem Sohn vererben.

Wir finden Tante Frieda, neben 23 anderen, unhandlichen Stücken, bereits wartend vor. Wir öffnen eine Tür, und Tante Frieda besteigt die Taxe. Sie nimmt Platz. Bitte, beachten Sie diese Redewendungen. Der unter dem Berg der 23 Gepäckstücke wartende Dienstmann hat sich inzwischen bemerkbar gemacht, Er reicht durch die gleiche Tür Stück für Stück der Koffer und Taschen, die sich bequem vor Tante Friedas Beinen aufschichten lassen. Das war 1928.

Nehmen wir an, Tante Frieda lebt immer noch, und es gilt, sie heute wieder vom Bahnhof abzuholen. Wir schreiben bekanntlich das Jahr, in welchem uns die Automobilindustrie noch immer keine Taxe bescheren wird. Und nun holen wir Tante Frieda ab. Warum nehmen wir eine Taxe? Wir haben unseren Wagen vor vier Wochen zur Inspektion angemeldet, und heute ist er dran. Dieser Termin lässt sich unmöglich verschieben. Wir werden es Tante Frieda erklären müssen. Ob sie es versteht, ist eine andere Sache, wir

TAXI
203

CHECKER

verstehen es ja selbst kaum. Also nehmen wir wieder eine Taxe.
Da ist Tante Frieda, und der Berg der 23 unhandlichen Stücke ist der gleiche geblieben. Nur der Dienstmann ist ein anderer. Er ist gewerkschaftlich organisiert und bereits gegangen.
Der Taxifahrer wird die Koffer verstauen. Er verstaut zunächst Tante Frieda, und wir helfen schieben. Endlich ist sie drin, und wir robben ihr nach. Nun trägt der Fahrer die 23 Gepäckstücke nach hinten, wo das Auto in schön geschwungener Linie endet und wo der Kofferraumdeckel nicht mal einen Griff hat. Dann beginnt er ein Puzzlespiel, das ihn ein wenig zu erheitern scheint. Er redet dabei in einer unverständlichen, aber eindringlichen Sprache.
Plötzlich geht unsere Tür wieder auf, und man drückt uns Tante Friedas Coupé-Koffer in den Magen. Ein paar weitere Stücke nimmt der Fahrer mit nach vorn, wo sie uns die Sicht auf die Taxameteruhr versperren, was wir weniger schätzen.
Das Ganze hat natürlich einen Vorteil – Tante Friedas Reiselust nimmt von Jahr zu Jahr ab, das ist natürlich ein Fortschritt! Ich habe oft darüber nachgedacht, warum sich wohl noch keine Firma gefunden hat, die eine Taxe baut – eine richtige Taxe! Ich nehme an, es ist noch keiner darauf gekommen.
Vielleicht, weil man es den Leuten noch nicht deutlich genug gesagt hat. Wenn man es ihnen sagt, dann machen sie es nämlich: Sie entwickeln für die Bundeswehr Jeeps und werden sie dann nicht

»[...] AUF AERODYNAMIK KÖNNTEN DIE TAXEN RUHIG VERZICHTEN. SIE SOLLTEN ABER NICHT VERZICHTEN AUF: BEQUEMEN EINSTIEG UND BEQUEMSTE SITZPOSITION [...]«

los, sie bauen Ketten-, Müll-, Allrad- und Mehrzweckfahrzeuge, sie bauen Viehtransporter und Schwimmwagen, Spezialtransporter für Eis am Stiel und Campingwagen mit Kühlschrank und Fernsehgerät, nur Taxen bauen sie nicht. Dabei ist das doch gar nicht so schwer, oder? Die Motoren und Fahrwerke können getrost die gleichen bleiben (obwohl Motor neben dem Fahrer vielleicht noch besser wäre), und auf Aerodynamik könnten die Taxen ruhig verzichten. Sie sollten aber nicht verzichten auf: Bequemen Einstieg und bequemste Sitzposition (Tante Frieda ist kein Callgirl und sitzt lieber aufrecht); auf die Möglichkeit, drei und vier Personen als Fahrgäste bequem unterzubringen, ohne diesen den Abendanzug zu zertrümmern; auf einen sinnvollen Gepäckraum (keine Kofferklappe

TAXI
OA53815

ohne Griff und Kofferraum mit Reserverad und Wagenheber drin); auf eine Trennwand zwischen Fahrer und Fahrgast (man muss sich endlich mal wieder ungestört sagen können, dass man sich liebt oder mit welchem Trick man Meier & Co. aus dem Geschäft gedrückt hat); auf mehr Höhe als bei den heute viel zu flachen Personenwagen und bessere Sicht (man will die fremde Stadt und die Taxe kommen sehen); und auf viele ähnlich wichtige Kleinigkeiten (denken wir nur an den Winterbetrieb), die speziell darauf zugeschnitten sein müssen, dass die Taxe ein gewerbliches Beförderungsmittel für lebende Personen ist und zugleich der Arbeitsplatz für eine sehr umfangreiche Berufsgruppe, die in diesem Fahrzeug einen Acht-, Zehn- oder Zwölf-Stunden-Tag abzureißen hat, und natürlich auch die Nacht.

So besehen, ergäbe sich ein ganz anderes Fahrzeug, als wir es heute als Taxe kennen. Ich schreibe diesen Artikel in Locarno, und ich wurde zu diesem Artikel angeregt durch ein Auto, das auch Sie morgen und übermorgen noch in Locarno besichtigen können. Es ist der Hotel-Omnibus des Esplanade, der seit ca. 25 Jahren die Aufgabe hat, die Gäste und ihr Gepäck bequem vom Bahnhof zum Hotel und vom Hotel zum Bahnhof zu bringen. Ein Chevrolet Truck ist es, der aussieht wie aus dem Laden. Und bevor Sie die Frage stellen, warum sich das vornehme Esplanade nicht einen neuen Wagen für diesen Zweck leistet, versuchen Sie einmal, dem Esplanade

einen solchen zu nennen. Sie wissen keinen. Und wenn Sie selbst das sehr reichhaltige schweizerische Import-Angebot durchgehen, Sie finden keinen.

Wie viele richtige, gut durchdachte Taxen wird man in Deutschland, Europa und in Übersee verkaufen können, wenn man sie nur erst einmal anzubieten hat? Ich glaube, es werden nicht nur Taxi-Unternehmer sein, die sich solch ein praktisches Fahrzeug kaufen. Also, erhöhen Sie die Zahl getrost noch um ein Fünftel. Und dann werden Sie endlich wissen, was für ein großartiges Geschäft Sie sich inzwischen allesamt haben aus der Nase gehen lassen. Ich werde mich jetzt sehr befriedigt zum Mittagessen begeben, denn während ich diese Zeilen gerade beschließen will, sehe ich, wie sich vor meinem Fenster eine sehr vornehme, ältere Dame mit einem sonnenabweisenden florentinischen Schwinger auf dem Haupt vergeblich bemüht, eine der herkömmlichen Taxen zu besteigen. Sie strauchelt vor dieser Aufgabe so, als habe man ihr zugemutet, in ein Mauseloch zu kriechen. Sie bestätigt das, was ich soeben schrieb. Sehr befriedigt ziehe ich mich zurück – manchmal haben doch auch die distinguierten, älteren Damen ihr Gutes ...

KAPITEL 14

KNIPPERDOLLING

»HAM'SE KEINEN KNIPPERDOLLING?«

Nur eine Frage, gewiss, aber für mich das Unwort des Jahres.

Der Sommer wollte nicht weichen. Er überholte den Oktober und stach in den November hinein, den er in voller Länge vernaschte, bis ihm Anfang Dezember der Sprit ausging. Sie erinnern sich? Da saß ich auf der Bank vor meinem Museum und hielt mit geschlossenen Augen das Gesicht in die Sonne. Plötzlich plumpste neben mir jemand auf die Bank, schnaufte kurz und warf mir dann die etwas angefeuchtete Frage aufs linke Ohr: »Ham'se keinen Knipperdolling?« Er sah aus wie Hape Kerkeling in Maske drei, und ich witterte schon eine Falle. Aber da outete er sich glaubhaft als potenzieller Museumsbesucher, denn er fragte nach dem Eintrittspreis. Ich nannte ihn, und kriegte gleich wieder eins ab. »Aber keinen Knipperdolling! Das isses ja. Wenn ich ins Ägyptische Museum gehe, will ich ja auch einen Ramses sehen und keinen einbalsamierten Nasser, aber hier ...«

»ICH MEINE DEN PRIAMUS VON KOTTHAUS IN KÖLN. NICHT DEN BRITISCHEN UND NICHT DEN ITALIENISCHEN PRIMUS, AUCH NICHT DEN PRIMO AUS ATLANTA/USA. MANN, ICH DENKE, SIE KENNEN SICH AUS.«

Ich unterbrach ihn gekränkt: »Ich habe einen Piccolo von 1907, einen Benz von 1918 und ...«

»Aber keinen Knipperdolling. Im Inserat von damals hieß es, er sei der beste Kleinwagen der Welt mit zwei Zylindern und 8 PS. Fafnir-Motor und Drahtspeichenräder ...« »Hatten Sie denn mal einen?«

»Natürlich nicht. Sonst wüsste ich ja, wie er aussah. Ich habe nur das Inserat gelesen in einer alten Zeitschrift, ohne Bild. Und seitdem will ich mal einen sehen. Es hat ihn gegeben, so viel steht fest. Aber Eure sogenannten Museen ...« »Bei mir finden Sie sieben Jahrzehnte Automobil-Geschichte und ...« »Ach nee, ham'se einen Priamus?«

»Sie meinen den Primus. Leider nein.«

»Ich meine den Priamus von Kotthaus in Köln. Nicht den britischen und nicht den italienischen Primus, auch nicht den Primo aus Atlanta/USA. Mann, ich

denke, sie kennen sich aus.«
Du meine Güte, ein Kenner. Mehr noch, ein Klugscheißer. Und nun geht auch noch die Sonne weg. Das ganze Mu-seum ist im Weg. Sie marschiert gen Westen, und ich will ihr folgen, aber er packt mich am Arm.
»Und wie ist es mit einem Simplex?« »Sie meinen den Simson.« »Nee, nicht den Simson aus Suhl, auch nicht den Simplum aus Wien, ich rede vom Simplex aus Amsterdam. Der hatte nämlich auch den Zweizylindermotor von Fafnir, den gleichen wie der Knipperdolling, so um 1907 oder 8 herum.«
»Also wissen'se, so um 1907, das interessiert heute kaum noch. Die Besucher wollen Autos sehen, für die sie in ihrer Jugend mal geschwärmt haben.«
»Eben-eben, sag ich doch. Meine Großmutter väterlicherseits hat immer erzählt, ihr Vater hätte mal einen Knipperdolling gefahren. Deshalb lag doch auch immer diese alte Zeitschrift rum mit der Annonce. Aber ohne Bild, drum weiß ich nicht, wie er wirklich aussah. Ich klappere

die Museen ab, aber auch hier werde ich nicht fündig. Sie enttäuschen mich, mein Herr. Ein Museum? Das ist wohl eher eine Gebrauchtwagen-Ausstellung. Ich will einen Knipperdolling sehen, weil der in meiner Familie ...« Dieser Mensch macht mich fertig mit seinem Knipperdolling.

Ich ringe nach Luft, ich kann das Wort nicht mehr hören. Es ist eine Beleidigung für meine Sammlung. Warum habe ich keinen Knipperdolling? Ausgerechnet mit mir, der schon im

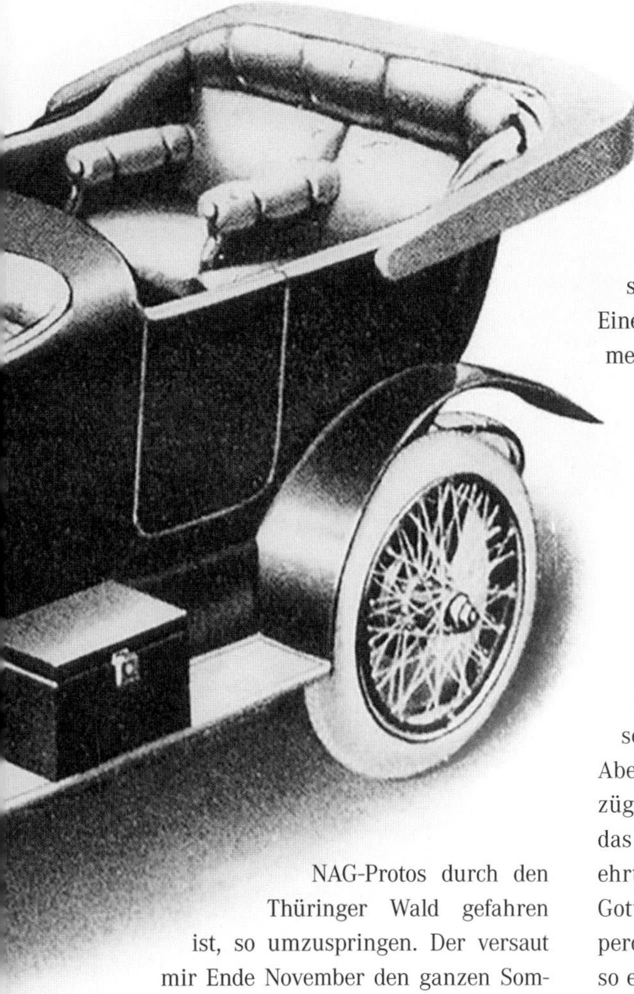

NAG-Protos durch den Thüringer Wald gefahren ist, so umzuspringen. Der versaut mir Ende November den ganzen Sommer. »Also, nun gehen Sie endlich rein und überzeugen Sie sich von der Reichhaltigkeit und Qualität meiner Sammlung«, sage ich in gespreiztem Ton. Der soll mich daran hindern, aus der Rolle zu fallen.

»Für ‘ne Handvoll Euro?« fragt er höhnisch keckernd, »ohne einen Knipper dolling zu sehen? Da gehe ich doch lieber ein Bier trinken.«

Ich falte meine Hände, damit mir nicht doch noch eine ausrutscht, und zische: »Gehen Sie rein, umsonst, ich sage an der Kasse Bescheid. Aber lassen Sie mich in Ruhe mit ihrem Knipperdingsda.«

Und so geschah es denn auch. War das etwa gar seine Masche? Er sah ohnehin aus wie Herr Schlämmer. Eine Nervensäge erster Güte. Als mich meine Frau erblickte, fragte sie spontan: »Fehlt Dir was?« »Ja«, hauchte ich, »wenn ich einen Knipperdolling hätte, wäre mir wohler.«

Sie reichte mir Sekunden später einen Magenbitter mit den Worten: »Der tut's vielleicht auch.« Dann versprach sie mir, morgen bei Aldi im Regal nachzuschauen, ob die einen Knipperdolling im Angebot haben.

Dass der ein Auto sein könnte, diesen Verdacht hegte sie natürlich nicht. Aber einige nachdenkliche Gesichtszüge später sagte sie, und sie wüsste das ganz sicher, dass die von ihr verehrte Schauspielerin Olga Tschechova, Gott hab' sie selig, eine geborene Knipperdolling gewesen sei. Frauen wissen so etwas, aber mir half das auch nicht weiter. Der Name verfolgte mich nun eher noch intensiver.

Also, wenn ich eine Spirituosenfabrik hätte, würde ich einen Knipperdolling auf den Markt bringen. Ein Renner! Ich stelle mir vor, wie ein Gast mit schwerer Zunge »noch'n doppelten Knipperdolling« bestellt. Der Harald Juhnke hätte das toll hingekriegt. Aber ich habe kein Schnapsfabrik, nur ein Automuseum. Deshalb mein Hilferuf: Knipperdolling als Leihgabe dringend gesucht.

Es gab ihn, das weiß ich auch. Vielleicht fuhr sogar noch einer rum, als ich

Knipperdolling, schneller Lieferungswagen für
Type EK6 12/14 PS.

00 kg Nutzlast

geboren wurde. Hat irgend jemand eine Ahnung, wie er aussah?

Ich komme mir vor wie ein Archäologe. Mit dem Artikel »Ham'se keinen Knippderdolling?«

habe ich ungewollt einen ersten Spatenstich getan. Nun tauchen täglich neue Funde auf.

Sie künden von der Knipperdolling-Zeit, und ich frage mich, wie die Geschichte des Automobils bisher ohne Würdigung des »besten Kleinwagens der Welt« geschrieben werden konnte. Welch oberflächliche Stümperei! Unterstützt von zahlreichen E-Mails und Telefonaten kann ich nun Knipperdolling-Wissen verbreiten.

Er wurde von 1908 bis 1920 gebaut und war doch in Vergessenheit geraten. Unter »K« fand man ihn nirgends, denn er war keine Marke, sondern ein Typ. So, wie es von Wanderer ein »Puppchen« gab, von Opel einen »Laubfrosch« und von Hanomag ein »Kommissbrot«. Nur, dass Dürkopp in Bielefeld sich offen zum Namen »Knipperdolling« bekannte. Das war im Jahr 1908, als man diesen Namen für ein Automobil gar nicht albern fand. Ein Knipperdolling war sogar in die Geschichte eingegangen. Nun kommen die Funde ans Tageslicht, und ich fühle mich wie einst Schliemann in Troja.

Die ersten Erinnerungsscherben sehen allerdings böse aus. Der Namensgeber des kleinen Dürkopp wurde vor einer johlenden Menge hingerichtet. Was hatte er getan? Es kann keine Rache für schlechte Fahreigenschaften gewesen sein, denn es geschah schon im Jahr 1536 – und dazu noch in Münster, nicht in Bielefeld. Bernhard Knipperdolling wurde enthauptet, weil er ein sogenannter Wiedertäufer war, also alles andere als katholisch. Und das ausgerechnet in Münster! Mit zwei seiner Komplizen bewahrte man ihn nach seinem unrühmlichen Ende in drei Eisenkäfigen auf, die man hoch über der Stadt am Turm der Lambertikirche platzierte. Dort hängen sie noch heute, die Käfige, weithin sichtbar. Ihr Inhalt ist allerdings vor Zeiten entfernt worden.

Was immer er unter Gefahr für Leib und Leben wieder taufen wollte (ich verrate Ihnen unter der hohlen Hand, dass er auch für die Einführung der Vielweiberei eintrat) – er konnte es wohl nicht lassen und taufte Jahrhunderte später schon wieder etwas: ein Automobil aus dem Hause Dürkopp!

So tief ich auch grabe, ich kann nicht herausfinden, was den damals erfolgreichen Autohersteller, die Dürrkoppwerke, zu dieser Namensfindung bewog. Nun, da man von ihm spricht, wird der Name wohl bald in einer Quiz-Sendung auftauchen: Was macht man mit einem Knipperdolling?

a) man lutscht ihn

b) man schießt mit ihm

c) man geht mit ihm Gassi

d) man fährt mit ihm herum.

Wer weiß es? Zwei Versuche: »Er holte seinen Knipperdolling raus und schoss um sich.« Das klingt nach Wild-West und leuchtet fast ein, ist aber falsch.

»Er holte seinen Knipperdolling raus und fuhr mit ihm davon.« Das klingt

»WAS MACHT MAN MIT EINEM KNIPPERDOLLING?
A) MAN LUTSCHT IHN
B) MAN SCHIESST MIT IHM
C) MAN GEHT MIT IHM GASSI
D) MAN FÄHRT MIT IHM HERUM.«

unwahrscheinlich, ist aber richtig! Was soll einer sonst machen, wenn er seinen Knipperdolling rausholt? Dazu noch in einer Familiensendung ... Das wäre sie doch, die Millionenfrage. Günter Jauch, bitte kommen.

Ein Kenner der Gegend und ihrer Bräuche, der Hermann Goette aus Osnabrück und Melle, hat mir beim Ausgraben brieflich geholfen und den Verdacht geäußert, dass einer, wenn er es gewagt hätte, mit einem Knipperedolling von Bielefeld nach Münster zu fahren, dort wohl als Vierter in einem Eisenkäfig am Turm der Lamberti-Kirche angekommen wäre. Zwecks Abschreckung, denn in Münster fuhr man nichts Evangelisches. Solche Zeiten waren das! Aber der Name Knipperdolling sei im

Sprachgebrauch so verankert gewesen, dass man zum einen tadelnd sagte »Du bist mir ja ein schöner Knipperdolling« und zum anderen den Lehrling beauftragte: »Hol mir mal den 18er-Knipperdolling«. Der Name blieb wohl länger im Gedächtnis als der Wagen.

Mag sein, dass ihn Knipperdolling-Fahrer schamhaft verschwiegen und nur von ihrem Dürkopp sprachen, weil jenseits von Bielefeld und Münster zu sehr gekichert wurde, wenn es knipperte und dollte. Der Knipperdolling war ohnehin ein echter Dürkopp und somit ein Qualitätsfahrzeug.

Er hatte zwei oder vier Zylinder mit 12, 14 oder 15 PS und wurde mit »sechs Monaten Garantie« ausgeliefert, wobei das Werk aber »ganz besonders« darauf hinwies, dass »wir jede Verantwortung für Unglücksfälle oder Beschädigungen an fremdem Eigentum oder am Wagen selbst, welche während der Fahrten etwa eintreten sollten, zurückweisen.«

Im Februar 1911 erschien in der Automobil-Welt ein recht großformatiges Inserat, mit welchem das Werk Vertreter suchte für »Dürkopps Knipperdolling, den besten kleinen Wagen der Welt«.

Auf der gleichen Seite möchte ein Patentanwalt für ein neues »Verfahren zum Aufblasen von Hohlreifen bei Motorwagen« mit Interessenten in Verbindung treten. Hatte da jemand die Luftpumpe erfunden? Und in einer redaktionellen Notiz wird Folgendes verkündet: »Eine schwierige Leistung, die von vielen Autlern bisher vergeblich angestrebt wurde und die Anerkennung weitester Kreise verdient, vollbrachte vor kurzem ein Adler-Wagen, indem er den Schlossberg von Tecklenburg hinauf und dann durch beide Torbogen zum Denkmal fuhr.«

Nun weiß man doch, wie lange das her ist, als der Dürkopp-Vertreter zur Frau des Fahrradhändlers sagte: »Darf ich Ihnen mal meinen kleinen Knipperdolling zeigen?« Das muss nicht in Münster gewesen sein – es war wohl auch so gefährlich genug.

Mir liegt sogar das Dankschreiben eines Knipperdolling-Eigners vor. Der rühmt die Tatsache, dass er im Oktober 1908 mit seinem dollen Knipper in genau zwei Stunden von Hannover nach Velzen geprescht ist, also einen 46er-Schnitt herausgefahren hat. Ohne Gegenverkehr, vermute ich, aber auf einer staubigen Piste. Wo war ich denn nur im Oktober 1908? Weshalb fuhr ich nie einen Knipperdolling? Ich mache mir Vorwürfe.

Und andere wussten mehr. Der Winfried A. Seidel aus Ladenburg besitzt sogar einen echten Knipperdolling-Kühler und etliche Originalfotos. Was nicht verwundert, weil sie von dem Werksfotografen stammen, mit dem seine Mutter ihren Lebensabend verbrachte. Er wurde hundert, und sie vierundneunzig.

Das ist aber nichts gegen die Tatsache, dass Winfried A. Seidel mit der Tochter des Chefkonstrukteurs verbandelt war Sie hieß Annemarie. Das hätte doch leicht einen kleinen Knipperdolling geben können. Aber der Winfried wandte sich dem Hause Carl Benz zu und gründete das gleichnamige Museum. Das ist längst nicht die ganze Ausbeute meiner Ausgrabungen. So viel Knipperdolling hatte ich nicht erwartet. Und dem Besucher, der in meinem Museum einen Knipperdolling so sehr vermisste, dass er meine ganze Sammlung madig machte, bin ich zu Dank verpflichtet. Er hat mich auf die Spur eines beinahe exotischen Automobils gebracht, das zu Unrecht in Vergessenheit geraten war. Die Geschichte des Automobils birgt noch viel Geheimnisse. Mein Dank gilt allen, die mir beim Ausgraben halfen, wenn ich auch nicht alle Funde erwähnen kann.

Knipperdolling! Nun ist mir der Name so vertraut, als hätte einer in meines

»NUN WEISS MAN DOCH, WIE LANGE DAS HER IST, ALS DER DÜRKOPP-VERTRETER ZUR FRAU DES FAHRRADHÄNDLERS SAGTE: »DARF ICH IHNEN MAL MEINEN KLEINEN KNIPPERDOLLING ZEIGEN?«

Vaters Garage gestanden. Heute haben es die Automobilhersteller nicht leicht, ihren immer neuen Modellen immer neue Namen zu geben. Dabei misslingen ihnen die kühnsten Wortgebilde. Wobei sie oft das Naheliegende übersehen. So fragt man sich, weshalb es nie einen Borgward »Störtebeker« gab oder einen Opel »Schinderhannes«. Wurden die nicht auch gehenkt?

»Rattenfänger« gab es übrigens zur Genüge, aber die hießen anders. Ich weiß, nun wird's albern – so wie damals in Bielefeld.

KAPITEL 15

WIE ICH AUF DEN OLDTIMER KAM

WIE ICH AUF DEN OLDTIMER KAM: »MAN KANN NATÜRLICH AUCH BRIEFMARKEN SAMMELN …«

Ja, man kann selbstverständlich auch Bierkrüge sammeln. Oder Schmetterlinge, Kaffeemühlen, Schießgewehre. Ich bin sicher, das macht Spaß. Man kann auch Spielautomaten restaurieren. Oder Drehorgeln, Kuckucksuhren, vielleicht auch Nähmaschinen. Bestimmt eine feine Sache.

Aber neulich fragte mich einer, was für ein Hobby dieser oder jener Art er sich denn zulegen solle. Ich sprach ihm mein Beileid aus. Denn wenn einer erst lange überlegen muss, ob dieses oder jenes Hobby, dann lieber gleich gar kein Hobby. Ich war dem Drang, mich mit alten Autos zu beschäftigen, derart ausgeliefert, dass ich, auf eine einsame Insel verbannt, so lange gegraben hätte, bis ich auf ein altes Auto gestoßen wäre. Mir blieb gar keine Wahl. Das wäre höchstwahrscheinlich ein Ford T-Modell gewesen. Es gibt

keinen Flecken auf dieser Erde, auf dem kein Ford T-Modell existiert hat. Zuerst stößt man auf einige Coca Cola-Flaschen, dann auf eine Singer-Nähmaschine und dann auf ein T-Modell, wo immer man gräbt. Kann sein, dass man erst noch einen alten Käfer beiseite räumen muss, aber das T-Modell kommt dann doch.

Hier im West-Allgäu bin ich außerdem mit einem Fordson-Traktor fündig geworden. Nun ja, schön wär's ja, wenn man nur zu graben brauchte. In tausend Jahren vielleicht – aber so lange wollen wir doch nicht warten. Heute braucht man sich nur umzuhören. Als ich zu sammeln begann, hatte es noch Sinn, über die Dörfer zu fahren.

Aber inzwischen gibt es tausend Angebote im Kleinanzeigenteil einschlägiger Zeitschriften. Durch sie spart man das langwierige Suchen, aber kaum Geld. Da werden manchmal Preise genannt, über die ich nur von Herzen lachen kann. Und doch versteckt sich auf diesen Seiten auch dieses und jenes »Schnäppchen«. So oder so – die Szene ist etabliert. Und die Zeiten sind vorbei, als man seinen alten Opel oder Ford noch in einer vergessenen Scheune fand. Schade, denn eigentlich gehört es zum Hobby, dass man seinen Oldtimer selbst findet. Schon das Suchen macht einen Heidenspaß.

Meinen letzten wirklichen Fund machte ich vor fünf Jahren in einem kleinen Waldstück hinter Ste. Maxime drunten im Französischen, gleich hinter der Côte d'Azur. Es war ein Peugeot 203 Cabriolet aus dem Jahre 1953, durch seine verrostete Bodengruppe wuchs schon der Farn. Aber heute fahre ich mit ihm herum, als wäre er vorige Woche erst vom Fließband gelaufen.

Jetzt wird man in jenem Wald eher auf Steinpilze stoßen als auf alte Peugeots. Aber ich gebe die Hoffnung niemals auf. Wo immer ich auch herumfahre oder spazieren gehe, meine Augenwinkel sind aufnahmefähig für wirklich jedes Stück altes Blech.

Übrigens: Fürchten Sie sich nicht, wenn man Ihnen gesalzene Preise nennt,

»ICH WAR DEM DRANG, MICH MIT ALTEN AUTOS ZU BESCHÄFTIGEN, DERART AUSGELIEFERT, DASS ICH, AUF EINE EINSAME INSEL VERBANNT, SO LANGE GEGRABEN HÄTTE, BIS ICH AUF EIN ALTES AUTO GESTOSSEN WÄRE. [...] DAS WÄRE HÖCHSTWAHRSCHEINLICH EIN FORD T-MODELL GEWESEN.«

beißen Sie zurück. Besonders dann, wenn Sie wirklich Geld in der Tasche haben. Vor ihnen waren zwei Dutzend Spinner da, der Verkäufer ist schon mürbe. Er hat nun auch lange genug seinen Spaß an seiner Preis-Vorstellung gehabt. Illusionen – so sang schon Hildegard Knef – Illusionen sind das Schönste auf der Welt ...
Eines Tages haben Sie einen günstigen Kauf gemacht. Wenn wir Verrückten etwas Derartiges kaufen, ist es immer ein günstiger Kauf. Daran glauben wir so lange, bis uns beim Restaurieren das

Gegenteil entgegenbröselt. Und doch schweben Sie während der Wochen, Monate und Jahre der Restaurierung im siebten Himmel. Und ein Erfolgserlebnis jagt das andere.

Nur ab und zu schlagen Sie, ohne dass ein Fallschirm sich öffnet, hart auf. Etwa dann, wenn es sich herausstellt, dass es nirgendwo auf der Welt für dieses Auto einen Hauptbremszylinder gibt oder eine vordere Stoßstange, eine linke, hintere Rückleuchte, einen Zündmagneten oder auch nur eine Tachonadel.

Keine Bange, keine Panik – denn es gibt diese Teile, und Sie werden sie finden. Für einen Steyr von 1939 fand ich keine Radkappe mehr, nirgends gab es auch nur eine einzige, und ich brauchte deren fünf. Nach Monaten fand ich einen, in dessen Keller das Presswerkzeug für genau diese Radkappen ruhte. Nun habe ich fünf, ganz frisch gepresst aus rostfreiem Stahlblech. Wie voller Wunder diese Welt wirklich ist, das erfährt nur der, der einen Oldtimer restauriert.

An dem Abend des Tages an dem er ein Standlichtgehäuse, komplett und originalverpackt, aufgetrieben hat, schläft er so selig lächelnd ein, als hätte er im Lotto gewonnen. Es kann natürlich auch eine obere Blattfederbefestigung gewesen sein oder eine Fronttraverse vorne links. Das Problem ist dann nur, seiner Frau klarzumachen, weshalb man im Schlaf lächelt. Sie fürchtet, da stecke ein Mädchen dahinter. Es ist aber oft nur ein Rädchen. Kluge Frauen treiben ihre Männer der Oldtimerei direkt in die Arme, weil sie dann immer genau wissen, wo ihre Männer sind – im Keller oder in der Garage, nie in der Kneipe.

Kritisch wird es dann, wenn die von den Ereignissen überrollte Ehefrau beginnt, den Schrotthaufen in Pelzmäntel umzurechnen. Dieser Tag kommt, und Sie sollten auf ihn gefasst sein. Der

»KLUGE FRAUEN TREIBEN IHRE MÄNNER DER OLDTIMEREI DIREKT IN DIE ARME, WEIL SIE DANN IMMER GENAU WISSEN, WO IHRE MÄNNER SIND – IM KELLER ODER IN DER GARAGE, NIE IN DER KNEIPE.«

»Schrotthaufen« ist natürlich nicht von mir, ich greife da nur vor. Ihre Frau wird dieses Wort bestimmt in den Mund nehmen, und das nicht einmal fälschlicherweise. Denn sie ist die Einzige, die das Gebilde unvoreingenommen betrachtet.

In diesem Metier erkennt man den Fachmann daran, dass er beim Anblick eines verrosteten Trümmerhaufens nicht ohnmächtig wird, sondern den Wunsch äußert, ihn zu erwerben. In seinem Hirn erscheint sofort das Polaroid-Bild des fertigen Wagens. Dann beginnt der Computer zu arbeiten. Es formieren sich unerfreuliche Zahlen-Kolonnen, die sich blitzschnell addieren.

Die einzelnen Ziffern stehen für Schweißarbeiten, Blechbearbeitung, Motor- und Fahrgestellüberholung, für Teile-Kauf und Teile-Nachfertigung, für Sattler- und Lackierarbeiten und anderes Kostspielige mehr. Endlich steht da eine Zahl, die so tut, als sei sie eine Art Endziffer. Das wahre Ende liegt dann aber doch noch um einiges darüber. Seiner Frau nennt man diese Zahl aber nicht.

Sie fühlt sich wesentlich wohler, wenn man sie nur mit dem Preis des Rohlings vertraut macht und die Sache dann bis zu dem Augenblick ruhen lässt, in dem man ihr den fertigen Wagen zeigen kann. Das Märchen vom Aschenputtel, aus dem eine Prinzessin wird, fasziniert Frauen ungemein. Nun kann man ihr die Wahrheit löffelweise verabreichen, am besten dann, wenn der traumhaft schöne Oldtimer, dem tausend Blicke folgen, mit ihr auf dem Nebensitz an einem schönen Sommertag durch die Landschaft zwitschert. So einfach ist das.

Wenn das Auto, das ein zahnloses altes Weib war, dann eines Tages vor einem steht wie ein knackiges Mädchen, oder sagen wir es nüchterner: wie am Tage seiner Erstzulassung damals vor Jahren und Jahrzehnten, dann durchbebt uns ein Gefühl, das ich das zweitschönste überhaupt nenne.

Ich habe die Erfahrung gemacht, dass dieses Gefühl umso größer ist, je mehr ich mich mit diesem Auto wirklich identifizieren kann. Es muss irgendwann in meinem Leben eine Rolle gespielt haben, und sei es nur, dass ich es mir sehnlichst wünschte, als ich 17 war.

Mit dem fertigen Auto muss sich unbedingt ein Traum erfüllen, dann stimmt

die Richtung. Es ist also ein Irrtum, dass der Spaß bei einem Bugatti, Maybach oder Mercedes SSK größer als groß ist. Ein Bugatti zum Beispiel hat nie in meinem Leben irgendeine Rolle gespielt. Aber der offene, viersitzige 4/20er Opel von 1929, nur 20 PS stark, war das Auto meiner Kindheit. Mein Vater besaß ihn, und wir machten damals mit ihm herrliche Reisen, von Thüringen an den Rhein zum Beispiel.

Dieses Auto kriegen Sie nicht, auch nicht im Tausch Zug um Zug gegen einen Bugatti – Sie können mich auf die Probe stellen, Sie blitzen ab.

Als Sammler habe ich mir so, teilweise um Jahrzehnte verspätet, Wünsche erfüllt, die mich einst durchbebten. Darunter ist sogar das Framo-Dreirad von 1933, das unser Milchmann fuhr. Ich war damals elf Jahre alt, und er hat mich manches Mal mitgenommen auf meinem Weg zur Schule. »Wenn du groß bist«, sagte ich mir, »dann genügt es vollkommen, wenn du Milchmann wirst und ein solches wunderschönes Lieferdreirad fährst.«

Als ich es fand, und als es dann voll restauriert vor mir stand, war ich außer mir vor Freude. Den Besuchern neines Museums ergeht es übrigens nicht anders. Das ganz große Herzklopfen stellt sich bei ihnen nicht beim Anblick des Cadillac ein, den Hans Albers fuhr, auch nicht, wenn sie vor der Staatskarosse des Königs Abdullah stehen, sondern dann, wenn sie »ihr« Auto wiedersehen. Das kann ein kleiner DKW sein, ein Spatz, ein billiger Opel oder Ford, oder gar nur eine BMW Isetta.

»In dem da«, sagte eine Besucherin, auf einen Opel Olympia weisend, »in dem da hat mich mein Nachbar ins Krankenhaus gefahren, zur Entbindung, als Sybille kam.« Und ihr Mann nickt und sucht nach ihrer Hand.

Und dann stehen da so viele Wagen, in denen dieser oder jener oder ein ganz anderer damals seinen Führerschein gemacht hat – welch ein Wiedersehen! Und das ist der hochbeinige Ford, den unser Hausarzt fuhr. Und dort steht doch wahrhaftig der kleine Fiat Topolino, in dem wir damals unsere Hochzeitsreise gemacht haben, natürlich nach Italien.

Und es kommt auch mal vor, dass einer, dessen Hand auf dem Blech eines Oldies ruht, nicht verhindern kann, dass ihm eine Träne über die Wange läuft. »Das iss nämlich der, in dem ich meine Frieda kennengelernt habe. Voriges Jahr isse gestormn.« Nichts ist überwältigender.

Wenn ich ihnen einen Rat geben darf: Suchen Sie nicht nach dem Oldtimer, der gerade »in« ist, sondern nur nach dem, der in Ihnen drin ist.

Mit unseren Oldtimern gehen wir auf Reisen, Liane und ich. Wir fahren über die Pässe nur »obendrüber«, nicht durch

RV-HV 280

sie hindurch. Wenn wir oben sind, halten wir an und freuen uns über die gelungene Besteigung. Wir sitzen auf dem Trittbrett und entkorken die Thermosflasche. Vielleicht sehen wir zu unseren Füßen eine Autoschlange über eine Autobahnbrücke jagen. Und hinein in den Tunnel. Von Hamburg bis Rimini sehen Sie nur die Rücklichter Ihres Vordermannes. Sie sitzen in der »schnellsten Limousine der Welt«, oder in der »Königin des Windkanals«, oder in etwas, aus dem sie vor lauter Spoilern kaum rausgucken können. Und sie ärgern sich, weil es schon wieder einmal nicht weitergeht, wo sie doch in diesem Urlaub zwischen Hamburg und Rimini ihre Bestzeit herausfahren wollten. Wenn in ihrem Wagen die Elektronik zusammenbricht, ist es dann aber ganz aus. Wenn in unserem Oldtimer etwas streikt, dann hole ich nur die Werkzeugtasche heraus und schraube ein bisschen. Ein Stündchen später geht es dann schon wieder weiter. So war es damals auch. Man hatte sogar immer etwas Draht bei sich. Und natürlich Isolierband.

Weil wir die Autobahnen meiden, lädt uns immer mal ein »Wirtshaus mit schattigem Garten« oder »... eigener Metzgerei« zum Verweilen ein. Manchmal lassen wir auch die Beine in einem Gebirgsbach baumeln. Wenn Sie im Begriff sind, an der Gegenwart zu verzweifeln, lieber Leser, dann brauchen Sie sich nur einen Oldtimer zuzulegen und mit ihm zu spielen. Dann ist die Welt wieder in Ordnung.

KAPITEL 16

SO VERPASST MAN EINE CHANCE

SO VERPASST MAN EINE CHANCE: ÜBER DIE SOWJETRUSSISCHE AUTOMOBIL-ENTWICKLUNG

Im Sommer des Jahres 1896 wurde in der Petersburger Zeitung »Nowoje Wremja« für eine selbstfahrende Equipage geworben. Sie war das erste russische Automobil.

Wie damals üblich, sah das Fahrzeug wie eine Kutsche ohne Pferde aus. Zwischen den Hinterrädern puffte ein 2 PS-Motor, und über zwei Vorwärtsgeschwindigkeiten wurden 20 km/h erreicht. Das Be-sondere an diesem selbstbeweglichen Wagen mit zwei Panjestärken war aber, dass er sich noch im gleichen Jahr als Winterfahrzeug präsentierte, das anstelle der vorderen Räder zwei Kufen hatte und dessen hintere Antriebsräder mit Spikes benagelt waren.

Damals hatten die Russen gleich bei ihrem ersten Personenwagen erkannt, dass ein Auto für Russland anders sein musste als ein Auto für Amerika oder Frankreich. Damals gab es eben noch nicht so verwirrend viele Vorbilder zum Abgucken und Falschmachen. Es galt nur, ohne Pferde voranzukommen, und zwar besser als mit Pferden. Hätten die Russen nüchtern weiter gedacht und noch nüchterner nach ihrer Oktoberrevolution gäbe es heute russische Personenwagen, bei deren Anblick westliche Autobauer ihr Haupt verhüllen müssten. Daraus wurde aber leider nichts.

Schon im Jahr 1910 begannen die Russen, Autos aus importierten Teilen zu montieren und sie nur oberflächlich für die speziellen russischen Verhältnisse zu modifizieren. So kamen sie endlich zu ihrem ersten, dünnen und untauglichen Wagenpark, der infolge der Ereignisse des Ersten Weltkriegs auf etwa zehntausend Einheiten zusammenschmolz, die zu Beginn des Jahres 1922 gezählt wurden.

Die Revolution hatte stattgefunden, die Stunde Null geschlagen. Man hätte neu beginnen können, so neu wie im Jahre 1896. Welch eine Chance!

»SCHON IM JAHR 1910 BEGANNEN DIE RUSSEN, AUTOS AUS IMPORTIERTEN TEILEN ZU MONTIEREN [...] SO KAMEN SIE ENDLICH ZU IHREM ERSTEN, DÜNNEN UND UNTAUGLICHEN WAGENPARK [...]«

Es gab keine automobilbauerischen Traditionen über Bord zu werfen, keine Werkzeugmaschinen zu verschrotten, keine Konstruktionspläne zu verbrennen. Man stand Am Anfang und hatte die Möglichkeit, der Welt zu zeigen, was ein Auto ist.

Die Geburtsstunde des sowjetischen Automobils schlug im Jahre 1924. Damals baute man den ersten Lastwagen vom Typ AMO F 15. Ganze zehn Stück verließen im November und Dezember das Moskauer Werk, das zunächst so klein war, dass Werksdirektor Iwan Lichatschow im Jahr 1931, als das Werk endlich zu einer halbwegs diskutablen Größe herangewachsen war, den Scherz machen konnte: »Wir haben nun den Mantel an den Knopf genäht.« Dennoch enthält die sowjetische Automobilchronik heute den pompösen Satz: »1924 wurde in der UdSSR die Massenproduktion von Lastkraftwagen aufgenommen.«

So viele Jahre, so viele Paraden auf dem Roten Platz gingen ins Land, und noch immer gab es keinen sowjetischen Personenwagen. Andrej Lipgart hatte zwar 1927 einen Kleinwagen mit unabhängiger Radaufhängung entwickelt, aber der ging nicht in Serie. Und außerdem ist ein dünnbeiniger Kleinwagen genau das Vehikel, das Russland nicht gebrauchen kann. Auf dem Personenwagen-Sektor geschah bis zum Jahre 1939 nichts Eigenständiges, und man hätte vermuten können, dass die Sowjets die Zeit nutzten, um über den russischen Volkswagen nachzudenken und einen Volltreffer zu landen.

Im Jahre 1939 wurde aber im Moskauer Lichatschow-Werk zunächst einmal eine komfortable Funktionärs-Limousine, der ZIS 101, gebastelt. Und das Werk KIM (heute Autowerk Leninskij Komsomol) begab sich an den Bau des kümerlichen Kleinwagens KIM 10, von dem die

ДЕТСКИЕ ТОВАРЫ
Ресторан
Гостиница

sowjetische Chronik berichtet:
»Bereits vor dem Kriege waren etwa fünfhundert Wagen hergestellt worden.«
Die Rettung kam nach dem Kriege, und zwar aus Rüsselsheim. Im Rahmen der Reparationslieferungen wurden alle Produktionseinrichtungen des Opel Kadett nach Moskau verladen, von der Tiefziehpresse über die Werkzeugmaschinen bis zum letzten Fass Farbe, das den Krieg überdauert hatte. Degradiert, strafversetzt und vergessen kam unser Vorkriegs-Kadett als Moskwitsch 400 auf die Straßen der UdSSR. Endlich hatten die Russen ein Auto. Über seine Herkunft wurde Stillschweigen bewahrt, und noch heute liest sich das drüben so:
»Nach dem Krieg verließ der erste Moskwitsch 400, der Vorläufer der weltbekannten Fahrzeugfamilie der Moskwitsch-Wagen, das Werk.«
Dem deutschen Ahnherrn abgelauscht waren dann auch die Nachfolge-Modelle. Ein echter Sowjet ist aus dem Moskwitsch bis heute

nicht geworden. Nur einen Anlauf hat es gegeben. Wieder war es Andrej Lipgart, inzwischen zum Professor avanciert, der sich etwas einfallen ließ. Er schuf nach Kriegsende den Pobeda, von dem es in der Chronik heißt:
»Er nimmt einen besonderen Platz in der Geschichte des Automobils ein. Lipgart entwickelte zum ersten Mal in der Weltpraxis eine Karosserie ohne Kotflügel. In der Folgezeit ist bekanntlich der Kraftfahrzeugbau in der ganzen Welt diesen Weg gegangen.«
Gemeint ist die Ponton-Karosserie ohne austauschbare Kotflügel-Elemente. Es wäre auch sinnlos gewesen, die Kotflügel austauschbar zu machen, denn es hätte ja doch keine Austauschkotflügel gegeben.

Vielleicht war der Pobeda aber dennoch so etwas wie ein sowjetisches Auto. Er glich einem in Autoform gegossenen Panzerwagen und hielt sich auch jeglichen Chromschmuck vom Leibe. Aber der Wolga, der ihn ablöste, gab sich schon wieder westlich-dekadent, und alle sowjetischen Autos vom kleinen Saporoshez (der zunächst wie ein Fiat 600 aussah und sich heute wie ein NSU-Prinz gibt) bis hin zur großen, den Amerikanern abgelauschten Tschaika-Limousine taten es ihm nach.
Das heutige sowjetische Autoangebot ist ein Beweis dafür, dass die sowjetischen Automobil-Planer jämmerlich versagt haben. Obwohl sie die Straßen ihres Landes kennen, obwohl sie wissen, dass Wartung und Ersatzteilversorgung

ге01-65

ein permanentes Problem sein würen, haben sie eine Typenvielfalt von Motoren, Achsen, Lenkungen, Armaturen, Pressteilen und Aggregaten in die Welt gesetzt, die Ihnen über den Kopf wachsen musste.
Sie hatten die großartige Chance, ein Programm im Baukasten-System zu entwickeln und damit das Volk zu motorisieren. Aus Zylindern gleichen Hubraums und gleicher Bohrung hätten sie unterschiedlich große Motoren zusammen setzen können, für die jeder Kolben, jedes Ventil und jedes Lager aus jeder Ecke eines jeden Ersatzteilregals im Lande gepasst hätte. Ebenso hätte man den ganzen Ausstattungs-Bedarf vereinheitlichen können, vom Türgriff bis zum Scheibenwischer, vom Tacho bis zur Schlussleuchte, von der Felge bis zum Scheinwerfer, vom Vergaser bis zum Benzintank, vom Lenkrad bis zur Stoßstange,

»DIE SOWJETRUSSISCHEN PERSONENWAGEN SIND IMITATIONEN WESTLICHER VORBILDER. IMITATIONEN, DIE PRIMITIVER SIND ALS DIE ORIGINALE. UND ALLEIN IN DIESER PRIMITIVITÄTLIEGT EIN QUÄNTCHEN SPEZIELL RUSSISCHES [...]«

von der Fensterkurbel bis zum Kofferraumschloss.

Und man hätte das Automobil zum funktionellen Gebrauchsgegenstand machen können. Stattdessen schwelgt man ebenso in verchromten Ziergittern und kitschigen Schnörkel-Tachos wie viele westliche, besonders die amerikanischen Autobauer, und man hat nicht einmal einen 2 CV oder R4 vorzuweisen. Auch der kleine Saporoshez markiert den storchschnabel-verkleinerten Straßenkreuzer mit viel äußerem Pomp, wenig Innenraum und sehr bescheidener Funktionalität.

So verpasste man eine Chance. Die russischen Wagen sind Imitationen westlicher Vorbilder. Imitationen, die primitiver sind als die Originale. Und allein in dieser Primitivität liegt ein Quäntchen speziell Russisches, denn, ein überzüchtetes, feinnerviges Auto würde drüben vor die Hunde gehen. Aber vor der Entwicklung des Autos zum kitschigen Status-Symbol blieb Russland nicht bewahrt. Hätte ich in der chromüberladenen, zahn- und flossenbewehrten Tschaika-Limousine der hohen Staats-Funktionäre, in der ich durch Moskau fuhr, ein rotes Plüsch-Sofa mit Fransen, Schlummerrollen und Trotteln oder irgendwelchen anderen Sinnlosigkeiten angetroffen, es hätte mich nicht verwundert.

ÉLJEN
HA·08·78

MotorKlassik
MARKTPLATZ
»Ich könnte nachts nicht schlafen, hätte ich keinen E-Type.«
Fritz B. Busch
Kolumnist
Motor Klassik
Fahrzeug: Jaguar E-Type, Baujahr 1962

RV-AZ 5